신나게 살아요!

신동엽

✗신동엽의 성선설✗

신동엽의 성선설

2021년 08월 20일 1판 1쇄 인쇄
2021년 08월 27일 1판 1쇄 발행

지은이 | 신동엽, 김지연
펴낸이 | 이종춘
펴낸곳 | BM (주)도서출판 성안당
주소 | 04032 서울시 마포구 양화로 127 첨단빌딩 3층(출판기획 R&D 센터)
       10881 경기도 파주시 문발로 112 파주 출판 문화도시(제작 및 물류)
전화 | 02) 3142-0036
       031) 950-6300
팩스 | 031) 955-0510
등록 | 1973. 2. 1. 제406-2005-000046호
출판사 홈페이지 | www.cyber.co.kr
ISBN | 978-89-315-5708-4 03410
정가 | 16,800원

이 책을 만든 사람들

기획 · 편집 | 백영희
교정 | 허지혜
표지 · 본문 디자인 | 이승욱 지노디자인
국제부 | 이선민, 조혜란, 권수경
마케팅 | 구본철, 차정욱, 나진호, 이동후, 강호묵
마케팅 지원 | 장상범, 박지원
홍보 | 김계향, 이보람, 유미나, 서세원
제작 | 김유석

www.cyber.co.kr
성안당 Web 사이트

■ 도서 A/S 안내

성안당에서 발행하는 모든 도서는 저자와 출판사, 그리고 독자가 함께 만들어 나갑니다.
좋은 책을 펴내기 위해 많은 노력을 기울이고 있습니다. 혹시라도 내용상의 오류나 오탈자 등이
발견되면 "좋은 책은 나라의 보배"로서 우리 모두가 함께 만들어 간다는 마음으로 연락주시기 바
랍니다. 수정 보완하여 더 나은 책이 되도록 최선을 다하겠습니다.
성안당은 늘 독자 여러분들의 소중한 의견을 기다리고 있습니다. 좋은 의견을 보내주시는 분께는
성안당 쇼핑몰의 포인트(3,000포인트)를 적립해 드립니다.
잘못 만들어진 책이나 부록 등이 파손된 경우에는 교환해 드립니다.

신동엽의
성선설
성인을 위한 선물 같은 시간! 설마 이건 것까지?

에스엠컬처앤콘텐츠 기획 | 신동엽 · 김지연 지음

ㅎㅇㅑ

이 책의 꾸밈

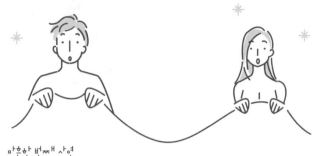

일러두기

네이버 오디오클립 〈신동엽의 성선설〉 내용을 엄선하여 수록했습니다.

ADULTS ONLY

동엽

'성'인을 위한 '선'물 같은 시간! '설'마, 이런 것까지 싶은 성 고민을 다 해결해드립니다. 신동엽의 〈성선설〉!

　〈성선설〉, 드디어 이런 프로그램이 기획되다니 감개무량하네요. 사람의 본성이 착하다고 하는 것처럼, 성도 착하고 이로운 것에서 시작해야 하는데, 실제로는 그렇지 못한 경우가 많습니다. 그래서 제가 나서게 됐습니다.

　앞으로는 공자, 맹자의 뒤를 이어 성 사상가 '엽자'로 활동할 텐데요. 혼자서는 조금 힘들 것 같아 전문가 한 분을 모셨습니다.

지연

'엽자' 옆에서 '의사 언니'로 활동할 산부인과 전문의 김지연입니다.

동엽

김지연 쌤은 유튜브 채널에서 '의사 언니'로 활동하고 계십니다. 그런 만큼 평소 상담 내용이 굉장히 많이 들어올 것 같은데, 이젠 〈성선설〉에서도 상담을 해주셔야 합니다. 성에 관련된 고민들을 같이 해결해보려고 하는데요, 심리적인 부분은 제가 상담해드리고, 임신이나 피임 등 전문적인 상담은 우리 의사 언니가 해주실 겁니다. 고등학생의 성부터 신혼부부, 중년 부부, 황혼의 싱까지 연령에 상관없이 언제든 글 남겨주세요! 모든 사연은 익명으로 소개합니다. 자, 그럼 〈성선설〉의 문을 열어볼까요?

첫 번째 사연

안녕하세요. 저는 스물두 살 여대생입니다. 저랑 남자 친구는 둘 다 스킨십을 좋아해서 자주 하는 편입니다. 지난주 수요일에 저녁 7시쯤엔가 관계를 맺었는데, 콘돔이 찢어진 줄도 모르고 남친이 안에 사정을 했어요. 그래서 다음 날 급하게 사후피임약을 먹었습니다. 오후 5시쯤 먹은 것 같아요.

저랑 남자 친구가 콘돔을 잘못 쓰는 건지 이런 일이 벌써 네 번째입니다. 그때마다 사후피임약을 먹었거든요. 그런데 이번엔 너무 걱정되는 게 약을 먹은 지 일주일 정도 지나서 부정출혈이 있었거든요. 이게 혹시 착상혈은 아닌지 너무 걱정돼요. 사후피임약을 여러 번 먹어서 혹시 면역이 생겼을까 봐 너무 불안해요.

아직 관계를 맺은 지 일주일밖에 안 됐거든요. 임신테스트기는 2주 후에나 할 수 있잖아요. 얼리 테스트를 해봤는데,

아직은 한 줄이거든요! 그런데 혹시 모르니까 너무 불안해요!

임신 확률은 없겠지요?

그리고 또 하나 궁금한 게 있는데, 왜 자꾸 콘돔이 찢어질

까요? 혹시 남자 친구가 너무 커서 그런 걸까요? 아니면 남

자 친구랑 제가 잘못 사용하고 있는 걸까요?

동엽

첫 번째 사연 들었습니다. 평소 같으면 제가 이런저런 이야기를 할 수 있겠지만, 진짜 전문적인 답변을 해드려야겠지요. 일단 콘돔이 찢어진 줄 모르고 남친이 안에 사정했다고 했잖아요.

지연

그렇죠.

동엽

그렇게 되는 경우가 꽤 있나요? 어때요?

지연

꽤 흔하게 벌어지는 일입니다. 성관계를 하다가 콘돔이 찢어지거나 빠지는 일이 비일비재하지요.

동엽

아, 그런가요. 완전 극과 극이네요. 빠지거나 찢어지거나. 저도 사실 평소에 콘돔을 사용해야 한다는 이야기를 많이 합니다. OECD 국가 중 우리나라가 콘돔 사용률 꼴찌, 낙태율 1위라고 늘 말씀드리면서 성관계를 가질 때 피임 방법 중 가장 안전한 게 콘돔이고, 위생적인 면에서도 좋다고 이야기하거든요. 그나저나 이런 경우는 참 당황스럽겠네요. 어떤가요? 사후피임약을 오후 5시에 먹었단 말이에요. 성관계를 갖고 나서 그다음 날 오후 5시. 그러니까 뭐 거의 22시간 정도 지난 거네요?

지연

네, 그렇죠. 충분히 유효한 시간에 약을 드셨어요. 콘돔이 찢어졌고 안에 사정했으면 말 그대로 그냥 관계를 한 거잖아요. 임신 가능성이 있으니까 만약에 이때가 가임기였다면 무조건 사후피임약을 드셔야 합니다. 이 사연만 듣고는 가임기인지 여부를 알 수 없지만, 어쨌든 불안했다면 제때 잘 복용한 거죠.

동엽

그런데 마지막 질문, 이거는 뭔가 특단의 조치를 취할 필요가 있지 않을까 싶어요. 성관계를 가질 때 콘돔이 찢어지면 참 난감하죠. 콘돔은 다양한 브랜드 다양한 제품이 있잖아요. 브랜드별로 어떤 게 신축성이 더 좋은지 뭐 이런 것도 좀 테스트 해볼 필요가 있지 않나 생각해봅니다.

그리고 지금 이분의 경우, 일주일 정도 지나서 부정출혈이 있었는데 이게 착상혈이 아닌지 걱정된다고 하셨어요. 이렇게 착상혈이 나타나는 경우도 있나요?

임신하고 일주일 정도 지나면 착상혈이 나타나긴 합니다. 그런데 이분의 경우에는 이때가 배란기였는지 정확히 알 수 없잖아요. 말씀해주신 정보만으로는 이 부정출혈이 사후피임약 때문에 생긴 건지 혹은 그냥 다른 질환 때문에 생긴 건지 아니면 정말 임신 때문에 생긴 건지 알 수 없어요.

임신테스트는 이분이 말씀하신 것처럼 성관계를 가진 지 2주 후에 할 수 있어요. 얼리 테스트는 해봤자 아무 의미도 없고요. 그리고 이 출혈이 착상혈인지 여부를 따지기에는 너무 이른 시기여서 그냥 생리할 때까지 기다려볼 수밖에 없을 것 같습니다.

동엽

또 하나, 사후피임약을 여러 번 먹으면 면역이 생기나요? 어때요?

지연

최근에 나온 사후피임약 중에는 호르몬제제가 아닌데도 호르몬처럼 작용하는 약이 있어요. 그런 약은 부작용이 거의 없다고 보면 됩니다. 지금 사후피임약을 네 번 정도 드셨다고 했는데, 이렇게 여러 번 먹는다고 해서 큰 문제가 생기거나 내 몸에 엄청난 호르몬 불균형이 생기는 일은 거의 없습니다. 원치 않는 임신을 할지 모를 상황에 놓인다면 부작용을 걱정할 게 아니라, 사후피임약을 복용해서 원치 않는 임신을 막는 게 정답입니다.

동엽

그렇죠. 그런데 왜 자꾸 콘돔이 찢어지는 걸까요? 정말 너무 커서 그런 걸까요? 아니면 이분들이 잘못 사용하고 있는 걸까요? 제 생각에는 잘못 사용하고 있을 가능성이 크다고 봅니다. 그리고 만약에 하드웨어(크기) 때문에 자꾸만 이런 문제가 생기는 것 같다면 굳이 국내산을 고집할 게 아니라 외국에선 다양한 사이즈도 나오니 한번 구매하는 것도 생각해보면 어떨까요? 고민할 게 아니라 다양한 방법을 시도해보는 게 좋을 것 같아요.

지연

또 다른 이유를 생각해보면, 건조해서 찢어졌을 수도 있거든요. 아무래도 성관계를 갖다 보면 마찰력이 좀 커지잖아요. 윤활제를 사용하면 좀 도움이 되지 않을까요.

동엽

마무리해주시죠!

먼저 제때 사후피임약을 드셔서 임신했을 확률은 극히
낮습니다. 그리고 콘돔 사이즈는 자신과 잘 맞는지 한번
확인하고 다양한 사이즈의 외국 제품을 사용하는 것을
고려해보면 좋을 것 같이요. 윤활제를 사용해보는 것도
도움이 될 것 같습니다.

제가 너무 속물인 걸까요? 너무 고민돼서 아무것도 할 수 없어요. 사건은 한 달 전에 벌어졌습니다.

썸남 생일이라 저녁에 맛있는 음식을 먹으면서 술을 마셨어요. 둘 다 술이 센 편이 아니어서 금방 취기가 올랐어요. 몸도 뜨겁고, 마음도 뜨거워진 저희는 그만 술김에 원나이트 아닌 원나이트를 하게 됐습니다.

그런데 저 정말, 진심, 너무너무 좋았거든요. 제가 만난 남자들 중에 이렇게 잘하는 사람은 처음 봤어요! 하드웨어도 완벽하고, 성능(기술)은 뭐 말할 것도 없었습니다.

그런데 문제는 썸을 타다가 갑자기 원나이트를 했더니 자꾸만 그런 쪽으로 분위기가 흐르더라고요. 이러다 단순한 섹파가 되는 게 아닐까 하는 생각에 일주일 정도 연락하다가 제가 그만 만나자고 말했습니다.

여기서 제 고민은요, 요즘 자꾸 그날 밤이 생각나고 갈증이 난다는 거예요. 속궁합이 좋은 사람을 만나는 게 쉬운 일이 아니잖아요. 너무 아쉽고, 괜히 정리했나 싶어 후회되기도 해요.

제가 다시 연락하면, 너무 속물 같을까요? 썸남에게 제가 연락한 의도가 뻔히 보일까요? 동엽 오빠! 남자 입장에서 알려주세요! 저 연락해도 돼요?

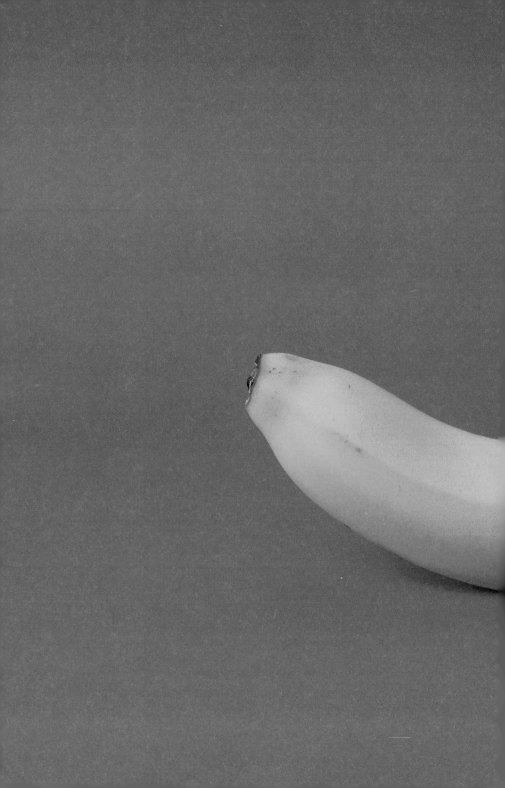

동엽

일단 시원하게 말씀드리겠습니다. 연락해도 됩니다. 연락하는 의도가 훤히 보일까요? 너무 속물 같을까요? 아닙니다. 아니에요. 괜찮아요. 진짜 이런 걱정할 필요 없어요. 어후, 너무 안타깝네요. 물론 고민되는 마음은 충분히 이해됩니다. 하지만 이렇게 잘 맞는 사람을 만나는 건 정말 쉬운 일이 아닙니다.

지연

남자 마음이 어떤지는 잘 모르겠지만, 이분을 생각하면 성관계를 갖고 난 후 일주일 동안 연락하다가 그만 만나자고 했잖아요. 그런데 이분이 그렇게 만족스러웠으면 남자분도 좋지 않았을까, 서로 좋았으니 일주일 정도는 서로 좀 더 그 생각을 하지 않았을까, 당연히 그런 쪽으로 분위기가 가지 않았을까 그런 생각이 드네요. 그리고 한편으론 좀 성급히 결론 내린 게 아니었나 싶기도 해요.

동엽

남자들의 심리에 대해 말하자면, 여자가 솔직하게 얘기해주면 정말 좋아하거든요. 그러니까 관계를 가진 후 좋았다면 정말 행복하고 좋았다고 표현해주세요. 그러면 남자는 기가 살아서 '아, 내가 너무너무 존재감 있는 사람이구나. 내가 정말 괜찮은 남자구나' 하는 생각을 하

게 되고, 그렇게 솔직하게 표현해주는 여자에게 고마운
마음을 갖게 돼요.

지연

궁금한데, 솔직하게 말하라고 했잖아요. 하드웨어, 성
능… 이런 것까지 솔직히 말하는 게 좋을까요?

동엽

아주 구체적으로 얘기하는 건 좀 그럴 수도 있는데, 전반
적으로 진정성 있게 말하면, 진짜 진정성 있게 얘기하면
그렇게 이상해 보이지는 않을 것 같아요. 그리고 일단 연
락부터 해보세요. 의사 언니는 어떻게 생각하시나요?

지연

저는 그렇게 만족스러웠다면 일단 그만 만나자는 말을
꺼내지도 않았을 거 같아요.

동엽

그렇죠. 역시 현명하십니다.

지연

일단 썸남이고 서로 좋아하는 감정이 있는 상태에서 잠
자리를 했는데, 딱 한 번의 잠자리에서 이렇게 만족하는

것은 정말 쉽지 않은 일이거든요. 그래서 서로 더 좋았던 게 아닐까 싶네요. 그리고 그 과정에서 좋아하는 감정이 더 깊어졌을 거고요.

동엽

아, 정말 아쉽습니다. 어서 빨리 연락하시고, 연락한 뒤 어떻게 됐는지 저희에게 사연 보내주시기 바랍니다.

안녕하세요. 저는 고등학교 1학년 딸아이를 둔 엄마입니다. 제가 요즘 걱정이 너무 많아요.

저는 어렸을 때, 부모님이 일찍 이혼하셔서 외롭게 자랐어요. 아버지랑 살았지만, 거의 할머니 손에서 자랐기 때문에 늘 엄마에 대한 그리움을 갖고 있었고, 엄마의 사랑이 고팠습니다. 그래서 우리 딸은 그렇게 키우지 않으려고 사랑한다는 말도 많이 해주고, 많이 안아주고, 늘 응원해주며 사랑을 듬뿍 주려고 했어요. 그래서 그런지 우리 딸은 정말 착하게 커줬습니다. 따로 학원을 보내지 않았았는데도 성적도 항상 전교권이고, 사춘기인데도 엄마 속 한 번 썩이지 않았어요.

그런데 얼마 전, 딸에게 남자 친구가 생겼어요. 딸은 저한테 거짓말도 하지 않아서 남자 친구가 생기면, 솔직하게 얘기하는 편이에요. 중학생 때는 딸도, 남자 친구도 어려서 크게 신경 쓰지 않았습니다. 그런데 이번 남자 친구는 고3 오빠라고 하더라고요.

그 말을 들으니 너무 걱정되는 거예요. 남자 친구가 생겼다는 말을 들으며 "또 남자 친구야? 우리 딸, 엄마 닮아서 그런가 인기가 많네" 하고 장난스럽게 넘겼는데, 속으론 걱정되는 게 한두 가지가 아니에요.

사춘기니까 성에 눈뜨는 건 자연스러운 일이잖아요. 그래서 혹시나 하는 마음에 제가 먼저 피임법을 알려주면 어떨까 싶어요. 그런데 제가 나서서 피임법을 알려주고, 콘돔을 사주면 딸에게 그런 관계를 허락하는 것처럼 보일까 봐 걱정됩니다. 제가 지금 너무 오버하는 걸까요?

동엽

아이고, 무슨 말씀을…. 저는 오버하는 것이 아니라고 생각합
니다.

지연

저도 그렇게 생각해요.

동엽

따님과 그런 주제로 얘기를 좀 더 많이 나누시는 게 좋아
요. 다만, 조금 민감한 이야기이니까 따님이 눈치 보거나
불편해하지 않는 분위기를 만들어주는 게 굉장히 중요
합니다.

지연

많은 부모님이 이런 생각을 하셨으면 좋겠네요. 저희 엄
마도 그런 생각은 하지 못하셨거든요. 저는 오히려 따님이
너무 부럽습니다. 솔직히 딸 입장에서는 부모님이 이런 얘
기를 하면 민망한 게 사실이잖아요. 그런데 자식이랑 이런
얘기를 하는 게 처음에만 힘들지, 자꾸 이런 얘기를 하다
보면 나중에는 편안하게 받아들일 수 있게 됩니다. 게다가
무슨 일이 생겨도 엄마에게 먼저 얘기를 할 수 있고, 도움
을 청하기도 쉬워지겠지요. 반대로 감추고 숨기다 보면 문
제가 생길 확률이 훨씬 높아져요.

동엽

맞습니다.

지연

또 요즘은 싱글제를 어린 나이에 시작하는 경우가 의외 암암리에 많잖아요. 우리가 말을 안 해서 그렇지…. 이런 상황이니 정확한 성교육을 해주고 나서 나머지는 아이들이 선택할 수 있도록 지켜보면서, 부모가 옆에서 서포트해주는 게 가장 현명한 방법이 아닐까 생각합니다.

동엽

말린다고 해서 될 성질의 것이 아니니까 인정할 건 인정하고 좀 더 편안하고 건강하게 만날 수 있도록 엄마가 도와주시는 건 진짜 찬성입니다.

지연

대찬성!

동엽

오버하는 거 아니죠?

지연

전혀 오버가 아닙니다.

동엽

어머님, 아시겠죠? 지금 잘하고 계신 겁니다.

공자가 이런 말을 했습니다. "모든 것은 제각기 아름다움을 지니고 있으나, 모든 이가 그것을 볼 수는 없다."

지연

저는, 그 명언을 이렇게 바꿔보고 싶네요. "모든 몸은 제각기 아름다움을 지니고 있으니, 모든 이가 섹스를 해야 한다."

네 번째 사연

안녕하세요. 저는 이제 20대 후반으로 넘어가는 회사원입니다. 저에게는 사귄 지 100일쯤 된 남자 친구가 있습니다. 남친이 먼저 고백했어요. 그땐 한창 외로웠던 터라, 그냥 외로움을 달래려고 받아줬거든요. 알아요. 나빴죠. 인정합니다.

어쨌든 그래서 연애 초기 저희 사이는 미지근했어요. 남친은 너무 뜨거웠고 저는 너무 차가웠죠. 그런 미지근한 사이였는데도 몸도 외롭고 마음도 외로웠던 저였기에 진도는 진짜 빨리 나갔거든요. 사귄 지 일주일 만에 잠자리를 가졌는데, 진짜 너무 좋은 거예요! 속궁합이 맞다는 게 어떤 건지 이때 처음 알았어요.

요즘은 잠자리를 가질 때마다 더 더 좋아요. 남친과 저는 사실 성격 차이가 심해서 헤어지기 직전까지 다툴 때도 많았거든요. 그런데 남친과의 잠자리가 계속 생각나서 제가 항상 먼저 지고 들어간답니다.

이런 상황에서 문득 궁금한 게 저는 이렇게 좋은데, 남친

도 저만큼 좋은지 알고 싶어요. 남자들은 속궁합이 안 맞아도

그냥 맞춰주고 끝내나요? 남친은 관계가 끝나면 항상 좋았

다고 하면서, 저한테 어땠냐고 물어보거든요. 그 말이 진짜인

지 거짓인지 궁금해요. 저만 좋은 건 아닐까요? 잠자리에서

여자만 만족할 수 있나요?

동엽

불가능합니다. 성관계에서 만족스러움을 느꼈다면, 여자분만 만족했을 리 없습니다. 모든 관계가 그렇지만, 특히 성관계는 서로 함께 만들어가는 과정이거든요. 그리고 성격 차이 때문에 많이 다투는 건 당연한 일이에요. 서로 다른 환경에서 자라왔기 때문에 오랫동안 사귀다가 결혼한 부부들도 신혼 초기에 몇 년 동안은 계속 다퉈요. 자연스러운 일이니 마음 편하게 생각하셔도 됩니다. 남친과 속궁합이 잘 맞는 것, 이건 우리가 되게 축하해드려야 할 일 아닙니까?

지연

어쩌면 성적인 속궁합 때문에 마음이 생기고 성격도 더 맞춰질 수 있지 않을까 생각합니다.

동엽

맞아요. 그런데 한 가지 더 말씀드리자면, 사연을 보내주신 여자분이 남친에게 이런 표현을 많이 해주셨으면 좋겠어요.

지연

맞아요. 그리고 속궁합 얘기를 했는데요. 사실 성관계에서 여자가 만족하는 경우는 남자보다 훨씬 비율이 적잖

아요. "저는 오르가슴을 느낀 적이 없어요" "저는 성관계를 하는 게 불편해요. 싫어요" 이런 말을 하는 분이 굉장히 많습니다. 그런데 너무 좋다고 느끼셨으면 복 받으신 거예요.

동엽

그렇죠. 그렇죠.

지연

그렇기 때문에 걱정하기보다는 이 만남을 충분히 즐기셨으면 좋겠네요. 그리고 아까 말씀하신 것처럼 남자가 본인이 만족하지 않았다면 굳이 여자한테 어땠는지 물어볼 거 같지 않아요.

동엽

그렇게 물어보는 남자의 심리에는 '나만 좋았던 거 아닌가. 그렇다면 미안한데 어쩌지' 이런 마음이 내포되어 있거든요. 진짜 솔직하게 표현해주세요. 그리고 성관계가 만족스럽다는 이유로 다른 일로 다투더라도 먼저 지고 들어간다고 했잖아요. 그렇게 하시면 안 됩니다. 그러다가는 남친 버릇만 나빠져요.

지연

성격도, 성적인 것도 서로 맞춰가는 걸로!

동엽

그렇죠. 어쨌든 이런 분을 만났다는 건 축하할 일 아닌가
요?

지연

너무 축하할 일이죠.

동엽

정말 축하드립니다.

4개월 정도 사귄 남자 친구가 있었는데, 성 관계를 맺은 뒤 화장실에 가는 게 불편하고 아래쪽이 간지 러워서 산부인과에 가서 검사를 받았거든요. 그랬더니 '클라 미디아'랑 '트리코모나스'가 있다는 거예요. 성관계로 옮는 성병이라고 하더라고요.

솔직히 저는 옮을 사람이 남친밖에 없거든요. 그런 얘기를 들으니까 남친한테 정이 뚝 떨어져서 난리난리 치고 바로 헤 어졌어요. 그렇게 많이 좋아했던 건 아니었나 봐요.

어쨌든 헤어진 지 이제 한 달 정도 됐어요. 그런데 최근에 소개팅에서 만난 사람이 꽤 괜찮아서 한번 만나볼까 생각 중인데, 너무 걱정돼요. 그런 균들은 한 번 생기면 언제든 재 발할 수 있다고 하던데, 만약 그 바이러스가 활성화됐을 때 제가 성관계를 하면 새 남자 친구에게 옮길 수도 있잖아요. 그러다 헤어지면 그 남자 친구가 새 여자 친구한테 옮기고,

그 새 여자 친구가 또 다른 남자를 만나서 옮기고… 그렇게 될까 봐 너무 불안해요! 제가 성병을 옮기는 꼴이 되는 거잖아요!

그렇다고 평생 플라토닉 러브만 할 자신도 없어요. 저 아직 열 명도 채 못 만나봤는데, 앞으로 영영 남자를 못 만나게 될 운명일까요? 저 어떡해요?

동엽

당연히 고민되실 수밖에 없는 사연이네요. 그래서 저는 주변사람들에게 산부인과나 비뇨기과는 일 년에 최소한 한두 번 정도 치과 가는 것처럼 정기적으로 가야 한다고 항상 이야기합니다.

지연

맞는 말씀입니다.

동엽

이분이 말씀하신 클라미디아, 트리코모나스는 어떤 질병인가요?

지연

둘 다 성병이 맞습니다. 하나 지적하자면, 바이러스라고 말하셨는데 이건 바이러스가 아니고 박테리아와 원충이에요. 트리코모나스는 현미경으로 봐야 보이는 벌레입니다. 그리고 클라미디아는 세균이고요. 다행스럽게도 이 두 가지 다 치료가 굉장히 잘되는 질환이에요. 완치율이 97~98% 정도로 치료가 잘되기 때문에 쉽게 재발하는 게 아니라, 쉽게 재감염된다고 봐야 합니다. 한 번 걸렸을 때 약을 잘 드시고 완치됐다면 재발할 걱정은 안 하셔도 됩니다.

동엽

아이고, 다행이네요. 축하드립니다.

지연

클라미디아는 생각보다 흔하게 발생하는 성병입니다. 세균 중에서 가장 흔한 세균이라고 해도 과언이 아니에요. 아까 엽자님께서 산부인과나 비뇨기과에 주기적으로 가봐야 한다고 말씀하셨죠. 여기에 더해 저는 새로운 파트너를 만나면 무조건 검사를 받으라고 말씀드리고 싶네요. 특히 여성은 무증상인 경우가 많기 때문에 꼭 산부인과에 가봐야 합니다. 어쨌든 지금 만난 남자친구에게 성병을 옮길 일은 없으니 그런 걱정은 안 하셔도 됩니다.

동엽

다행이네요. 그리고 사연 주신 분의 책임은 없으니까 좀 편안한 마음으로 좋은 남자 만나셨으면 좋겠네요.

지연

상대에 대한 믿음이 생기기 전까지는 콘돔을 사용하는 게 나를 보호할 수 있는 방법이라는 것을 꼭 기억하셨으면 합니다.

동엽

평생 플라토닉 러브만 할 자신은 없으시다고요. 당연한 이야기입니다. 아직 젊고 건강하신데 플라토닉 러브만 해서는 안 되지요. 그리고 아직 채 열 명도 못 만나셨다고 하셨지요. 얼른 좋은 분을 만나 정착하시기 바랍니다. 어쨌든 전반적으로 축하드립니다.

여섯 번째 사연

저는 이제 꽃신 신을 날만 기다리고 있는 23살 대학생입니다. 남자 친구랑은 새내기 때 교양수업에서 같은 조로 만나 CC가 된 케이스인데요. 아직까지 잘 사귀고 있어요. 남친이 ROTC를 준비하다가 포기하고 조금 늦게 군대를 가는 바람에 지금 고무신을 신고 있답니다.

아, 이게 중요한 게 아니라 제가 하고 싶은 이야기는 따로 있어요! 남친이랑 저는 원래 관계를 할 때 행위에만 집중해서 좀 조용히 하는 편이거든요. 가끔 서로 좋은지 확인만 하고, 말도 별로 안 해요. 찐 몸의 대화만 하는 편입니다.

근데 남친이 입대하고 난 뒤 관계를 갖는데 도중에 이런저런 이야기를 하기 시작하는 거예요. 처음엔 "○○이 왜 이렇게 예뻐? 누구 여자 친구야?" 이런 식으로 그냥 귀여운 옹알이 수준이었거든요. 그런데 시간이 흐르고 계급장에 줄을 하나씩 붙여 오면서 "나랑 결혼하면 안 돼? 그럴 거지?" 이렇게 발전하더니 요즘엔 "너 애 갖고 싶어? 어때? 내가 임신 시켜도 돼?" 이러는 거예요! 옹알이 시작한 지 얼마나 됐다고, 이제 야설을 쓰는 거 있죠?

솔직히 결혼 이야기까지는 귀여웠거든요. 연애하면 원래 다 결혼 약속 하잖아요. 약속한 사람만 따지면, 저 지금 남편만 벌써 네 명이거든요. 아무튼 딴 건 괜찮은데, "임신시켜도 돼?"라는 말은 너무 신경 쓰여요. 얘가 진심인가 싶기도 하고, 어디서 야동을 봤나 싶기도 하고…. 남친은 진짜 저랑 결혼해서 살림을 차리고 싶은 걸까요? 아니면 갑자기 19금 토크가 막 하고 싶어진 걸까요?

동엽

야, 이건 좀 아닌데요. 남자 친구가 더 귀엽게 얘기했을
수도 있지만, 전 좀 아니라는 생각이 드네요. 이건 사람
에 따라 좀 다를 거 같은데, 성관계를 가질 때 어떤 분은
끊임없이 대화를 주고받는 걸 선호하는 반면, 어떤 분들
은 또 가급적 집중하면 좋겠다는 경우도 있지요. 적당히
했으면 좋겠다, 아니면 좀 더 과했으면 좋겠다 등등 다
다르거든요. 어떻게 생각하세요?

지연

저도 비슷한 사연을 들은 적 있습니다. 제 친한 친구 중
하나가 관계를 할 때 여자 친구가 절정에 도달하면 누워
있거나 앉아 있는 자세에서 춤을 추기 시작한대요. 격정
적인 동작으로. 그러면서 저한테 혹시 이건 어떻게 생각
하냐고 묻더라고요.

동엽

사연으로 돌아가서, 상대방이 너무 부담스러운 말을 계
속 하면 "그런 말 하는 건 좀 그런데…. 나 좀 배려해주
면 안 돼?" 이렇게 이야기해보는 건 어떨까요?

"임신시켜도 돼? 애를 갖고 싶어"라는 말을 관계 중이 아니라 평소에 데이트할 때 한다면, '정말 이 사람이 나랑 결혼하고 싶은 건가? 진정성이 있나?'라고 생각할 텐데, 관계할 때만 이런 말을 한다면 솔직히 결혼해서 살림을 차리고 싶다기보다는 19금 토크를 하고 싶은 게 맞다고 생각됩니다.

동엽

약간 이상한 허세가 포함된 거 같기도 하네요.

공자가 이런 말을 했죠. "인간의 천성은 비슷하나 습관의 차이가 큰 차이를 만든다."

지연

저는 그 명언을 이렇게 좀 바꿔보고 싶네요. "인간의 천성은 비슷하나 매너의 차이가 '다음 밤'을 만든다."

어쩌다 보니, 여덟 살 어린 남자 친구와 연애 중인 20대 후반 여자 사람입니다. 이제 100일을 바라보고 있는데요, 나이 차이가 크다 보니까 제가 금전적으로나 상황적으로 배려해야 할 부분이 많더라고요. 참고로 남친은 대학생이고, 저는 회사원이에요.

친구들에게 이런 부분을 상담하면, 어린 남자를 만나려면 별수 없다는 식으로 얘기해버려서 어떻게 해야 할지 모르겠어요. 배려하는 거, 물론 저도 괜찮다고 생각합니다. 다만, 이런 것까지 배려하게 될 줄은 몰랐거든요. 그게 뭐냐면, 남친이 아직 성 경험이 없다는 거예요. 제가 첫 경험이래요! 그런데 저는 지금 남친을 만나기 전에 만난 사람들이 다 연상이어서 잠자리에서 리드해본 적이 없어요. 제가 남친을 끌어줘야 하는데, 어떻게 해야 할지 모르겠어요.

그래서 인터넷을 찾아봤는데, 남자는 처음 할 때 사정을

053

못 하거나 아니면 엄청 빨리 할 수도 있다더라고요. 그럴 때 어떻게 해야 남친에게 상처를 주지 않고 배려하면서 관계를 이어나갈 수 있을까요? 곧 남친이랑 하게 될 거 같거든요. 친구들에게 이런 것까지 물어보면 더 놀릴 것 같아 사연 보냅니다. 제가 어떻게 하면 좋을까요?

동엽

아, 이렇게도 생각할 수 있군요.

지연

지금 남자 친구도 비슷한 고민을 하고 있지 않을까요?
내가 처음인데 어떻게 해야 할까, 고민이 많을 거예요.

동엽

남친이 어리니까 친구들한테 물어보기도 하고 이런저런
방법으로 많이 알아봤겠죠. 지금 남친의 가장 큰 공포는
빨리 사정하는 것일 겁니다. 혹시 빨리 관계가 끝나서 여
친이 실망하면 어떡하나, 엄청 고민하고 있을 거예요. 이
런 관계에선 지금 행복한 이유는 사랑하는 사람과 단둘
이 있기 때문이고, 나머지는 부수적인 것이라는 느낌을
주는 게 굉장히 중요해요.

지연

관계하는 횟수가 늘어나다 보면 서로 점점 더 잘 맞게 되
고, 점점 더 좋아질 거예요. 첫 경험이 아니더라도 사정
을 하지 못하거나 빨리 하는 경우도 있어요. 그렇기 때문
에 이 문제에 너무 신경 쓰면서 빨리 사정하거나 사정하
지 못했다고 해서 서로 '아, 처음이어서 그런가 보다' 하
고 생각할 필요는 없어요. 어떤 일이 있더라도 그냥 서로

사랑을 확인하는 게 제일 중요하지 않을까요.

동엽

자 아무튼, 우리 남친이 무럭무럭 잘 자라길 바라겠습니
다. 어쨌든 축하드립니다.

지연

뜨거운 밤 되시길.

♥

저는 지금, 사귄 지 3주 정도 지난 25살 된 남자 친구가 있어요. 서로 관심사가 달라서 내화가 그렇게 잘 되는 편이 아니라 오래 갈 것 같다는 생각은 들지 않아요.

그런데 지난주 제가 오빠 자취방에서 술을 한잔했거든요. 오빠는 기분 좋게 취한 상태였고 저는 멀쩡한 상태였는데, 어쩌다 서로 눈이 맞아서 그날 처음 잠자리를 하게 됐습니다.

문제는 거기서부터 시작됐어요. 저는 콘돔을 끼자고 얘기했고, 오빠는 없이 하자고 얘기하다가 결국 없이 했는데요. 그다음 날부터 피임을 하지 않고 관계를 맺었다는 사실에 너무 무섭더라고요. 그래서 오빠에게 전화를 걸었더니, 오빠는 "너무 불안하면 2주 후에 임신테스트기 사줄게!"라고 하더라고요. 그래서 제가 "그때는 너무 늦잖아" 했더니 "그건 그때 가서 얘기해봐야지! 아직 임신이 된 것도 아니잖아"라고 말하는데, 너무 무책임해 보이는 거예요. 사귄 지 한 달도 안

♥

된 사이인데, 너무 실망했어요.

결국 사후피임약을 처방 받았는데, 오빠는 이 약이 몸에 많이 안 좋다면서 먹지 않는 게 어떠냐고 하더라고요. 하지만 저는 약을 먹었고, 오빠는 "어차피 24시간 지나면 효과가 없는데, 이 약을 꼭 먹어야겠니? 너는 나를 그렇게 못 믿니?"라고 되레 짜증을 냈어요. 이건 믿고 안 믿고를 떠나서 어쩔 수 없는 일이라고 얘기하고 그날은 헤어졌어요. 그러고 나서 일주일째 만나지 않고 있어요.

제가 서운한 건, 그날 이후로 연락하는 빈도가 너무 줄었다는 거예요. 어쩌다 가끔 전화를 해도 "집에 왔다!" "밥 먹었다!" 뭐 이런 말뿐이에요. 저희 관계, 끝난 걸까요? 저는 오빠가 왜 서운해하는 건지 모르겠어요.

동엽

아니, 대체 왜 서운해하는 거예요, 진짜? 그것 참 어이가 없네. 사후피임약은 120시간 내, 그러니까 5일 안에 먹으면 효과가 있어요. 무책임하게 잘 알지도 못하면서 24시간 지나면 효과가 없다고 얘기하다니 답답하네요.

지연

그리고 "너는 나를 그렇게 못 믿니?"라고 묻는 건 무슨 뜻이죠? 이미 피임을 안 했잖아요. 뭘 못 믿느냐는 걸까요?

동엽

내가 무정자증이라는 걸 못 믿니? 뭐 이런 말인가요? 이해 못 하겠어요. 되게 무책임해 보여요. 그리고 너무 불안하면 2주 후에 임신테스트기를 사준다니, 그 태도도 정말 이상하네요. 같은 남자지만 이상하다고밖에 말씀드릴 수 없어요.

지연

맨 처음부터 잘못됐어요. 여자가 콘돔을 끼자고 얘기했잖아요. 저는 피임은 철저하게 여성 위주여야 한다고 봐요. 왜냐하면 임신은 결국 여자가 혼자 감당해야 하는 부분이 더 크기 때문에 피임은 여성에게 더 맞춰져야 된다고 생각해요. 그런데 여자가 콘돔 얘기를 했는데도 결국은 남자 얘기를 따랐잖아요. 전 여기서부터 남자가 좀 무책임해 보이네요.

동엽

저희 둘 다 남자분이 왜 서운해하는 건지 사실 잘 모르겠어요. 만약 사연 주신 분이 저와 친한 사람이라면 그 남자를 만나지 말라고 얘기해줄 거 같아요.

지연

예전에 이런 얘기를 들은 적이 있어요. 제가 아무래도 산부인과 의사다 보니 남자 친구들이 저한테 이런 얘기를 많이 해요. 여자 친구가 콘돔을 쓰자고 얘기할 때마다 서운함을 느낀다는 거예요. 그래서 제가 그 이유를 물어보니까 자기는 여자 친구를 너무 사랑해서 그냥 콘돔 없이 관계하다가 임신되면 결혼할 생각도 있는데 상대방은 나랑 결혼할 생각이 전혀 없는 건가, 나하고는 그저 잠자리만 하려는 건가, 나는 좀 더 깊이 교감하고 사랑을 하려는 건데, 이런 생각이 든다고 하더라고요. 이런 부분에서 서운함을 느꼈나 싶기도 하네요.

동엽

에이, 말도 안 돼요. 이 경우는 사귄 지 3주밖에 안 됐잖
아요.

지연

아, 그렇군요. 사귄 지 3주밖에 안 됐군요. 그러면 아니
에요. 이 남자, 만나지 마세요. 별로예요.

동엽

아닌 관계는 손절하고 더 빨리 좋은 남자를 만날 수 있는
결정적 계기라고 생각하세요.

지연

그리고 사후피임약이 몸에 그렇게 안 좋은 건 아니에요.
너무 걱정하지 마세요.

아홉 번째 사연

안녕하세요. 저는 이제 결혼한 지, 1년 정도 된 새댁이에요. 남편이랑은 소개팅으로 만나서 6개월 연애하고 꽤 빨리 결혼한 케이스예요. 남편은 정말 좋은 사람인데, 잠자리 때문에 좀 힘들어서 이렇게 사연을 보냅니다.

남편이 잠자리를 못 한다거나, 저랑 안 맞는다거나 그런 건 아니에요. 남편은 고등학교 1학년 때까지 축구를 했거든요. 그래서 그런지 체력이 너무 좋습니다. 평일에도 가볍게 러닝을 하고, 주말이면 야구에, 축구까지 운동 마니아라고 할 수 있죠. 그런데 그렇게 운동을 하는데도 남편이 너무 자주 관계하기를 원합니다.

물론 저도 하면 좋아요. 하지만 한 번 사랑을 나누면 이것저것 해서 기본 한 시간 정도는 하는데, 저는 너무 지치거든요. 거기다가 이틀에 한 번꼴로 요구하니 몸이 너무 힘들어요. 연애할 땐 이렇게까지 안 했거든요. 저는 회사를 다니

062

고 있는데, 관계를 가진 다음 날이면 몸이 너무 힘듭니다. 친구들이 신혼 생활은 어떠냐며 짓궂게 물으면 너무 자주 해서 고민이라고 얘기하는데, 다들 복에 겨운 소리 한다고 핀잔을 줘요.

일주일에 네다섯 번 하는 게 정상인가요? 원래 신혼 때는 이렇게 하는 건지 궁금합니다. 거부하고 싶은데, 남편이 열심히 애무하는 모습을 보면 뿌리치지 못하겠어요. 저, 어떻게 하면 좋을까요?

동엽

우리 의사 언니가 차를 타고 어디를 가고 있는데, 어떤 프로그램에서 이런 사연이 소개돼요. 같은 여자로서 어떤 생각이 들까요?

지연

부럽죠.

동엽

야, 이건 진짜 처음부터 끝까지 자랑하고 있는 거 같아서…. '이거 뭐야. 지금 잘난 척하는 거야?' 이렇게 생각할 수도 있겠네요. 주변에 이런 고민을 이야기하는 사람이 있나요?

지연

네, 환자들 중에 그런 얘기하시는 분들이 있어요. 남편이 너무 좋아하는데 나는 진짜 하기 싫다. 남편이 빨리 끝내게 해달라. 관계가 빨리 끝났으면 좋겠다. 이런 얘기를 하시는 분들이 종종 있습니다. 그런데 이 사례의 경우, 남편분이 굉장히 잘하고 있는 게 단순히 그냥 관계만 하는 게 아니거든요. 보통 이렇게 매일 요구하는 남자분들의 가장 큰 문제는 그냥 자기만족을 위해 애무나 어떤 전희 없이 바로 삽입, 사정… 이렇게 관계가 이루어

지는 경우가 많은데 남편분은 이것저것 해서 한 시간씩
이나 열심히 노력하시잖아요. 아내를 만족시켜주기 위
해서 노력하는 게 기특하긴 한데, 아내분 입장에서는 빨
리 끝내고 자고 싶은 거죠. 다음 날 일어나서 출근해야 하
는데 이틀에 한 번씩 계속 이러니까 피곤하고요. 어떨 때
는 지금처럼 이렇게 충분한 시간을 들여서 서로 교감하
고, 어떨 때는 이런 전희 과정 없이 빨리 끝내자고 남편
분에게 얘기해보는 건 어떨까요? 그나저나 남편이 고등
학교 때까지 축구를 했고, 지금도 일주일에 4 ~ 5번씩 한
시간 동안…. 부럽네요. 고민이라기보다는 다 자랑 아
닌가요?

066

동엽

남편분이 너무 괜찮은 사람이라는 생각이 드네요. 이렇
게 괜찮은 사람이라면, 그리고 이렇게까지 아내를 진심
으로 사랑하는 사람이라면 아내가 힘들고 어려운 이야
기를 해도 충분히 받아줄 것 같아요.

지연

한 5년쯤 지나면 이때가 그리워질 수도 있지 않을까요?

동엽

아, 그럴 수도 있죠. 어쨌든 축하드립니다.

열 번째 사연

본의 아니게, 건전한 연애를 하고 있는 20대 후반 여자입니다. 남자 친구 회사가 제 자취방이랑 가까워서 남친이 자주 놀러 왔는데요. 지금은 뭐 거의 동거하듯 지내고 있어요. 그런데 남친이 19에 관심이 없어요! 저는 사귈 때 속궁합이 중요하다고 생각하거든요. 그런데 남친이랑 마지막으로 한 게 한 달 정도 전이에요. 연애한 지 지금 거의 1년째고, 동거하다시피 한 게 5개월째인데 일곱 번 정도 한 것 같아요. 저는 성관계 갖는 것을 좋아해서 먼저 하자고 신호를 보내는데 남친한테는 씨알도 안 먹혀요.

특히 제가 생리 때면 정말 미치거든요! 그래서 "우리 한번 할까?" 이렇게 말하면 늘 나중에 하자는 식으로 얘기해서 너무 자존심이 상해요. 그래서 제가 "야! 우리가 결혼한 것도 아니고 여자인 내가 계속 요구하는데 나도 자존심 상해!"라고 했더니, 그냥 미안하다고 하더라고요.

혹시 마음이 변한 게 아닐까 의심도 해봤는데, 그런 것 같지는 않아요. 여자는 촉이란 게 있잖아요? 저를 정말 아껴주고 좋아하는 게 느껴지거든요. 그런데 하필이면 성적인 부분에만 관심이 없다는 게 너무 속상해요.

계속 이렇게 건전하게만 지내야 한다면 아예 끝낼 생각까지 하고 있어요. 그런데 남친이랑 속궁합도 그렇게 나쁘지 않아서 고민이 됩니다. 이대로 놓치고 싶진 않아요. 남친이 성관계를 좀 더 즐기게 만들 수 있는 방법은 없을까요?

동엽

아, 너무 안타깝고 속상하네요. 그런데, 축하해야 할 부분도 있어요. 전문가 선생님들에게 들었는데 요즘 불감증인 여성이 그렇게 많대요. 그런 부분에 신경쓰지 않으셔도 된다니 그건 진심으로 축하드립니다.

지연

지금 연애를 1년째 하고 있는데, 5개월 동안 일곱 번이면 한 달에 한두 번 했다는 거잖아요.

동엽

이 정도는 사실 평균 이하라고 볼 수 있죠. 횟수로만 봤을 때는. 그런데 사연 중에도 언급됐지만, 생리 때 성욕이 높아지는 분들이 계시잖아요. 생리 때는 어떤 식으로 서로 사랑을 나눠야 하는지 전문가로서 말씀해주세요.

지연

사실 의학적으로 금기는 아니에요. 생리 중에 성관계를 하는 것은 상관없는데, 감염 위험도가 조금 높아질 수는 있어요. 그렇지만 이렇게 1년 동안 연애하신 분들이 성병이 있을 가능성은 거의 없기 때문에 감염 위험에 대해서는 크게 걱정하지 않으셔도 될 것 같아요. 균이 있는 분들은 골반염으로 진행될 가능성이 높으니 주의하셔야

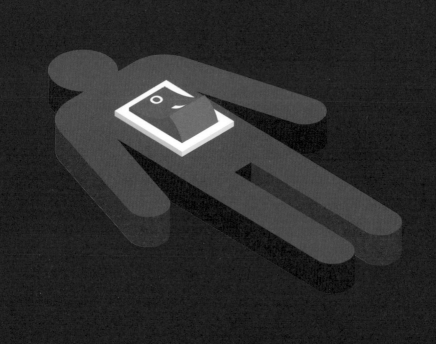

돼요. 그거 말고는 사실은 뭐 해서 안 될 거는 없습니다. 그냥 조금 불편하고 보기 안 좋고 그런 것뿐이죠. 지금 갑자기 든 생각인데, 혹시 남친이 생리할 때 하는 게 싫은 거 아닐까요? 여친이 하필 항상 생리할 때마다 자꾸 하자고 해서….

동엽

다 그런 건 아니에요. 전혀 개의치 않는 분도 있고, 싫어하는 분도 있지요. 그런 문제도 한번 생각해보고 솔직하게 이야기 나눠보시기 바랍니다.

지연

그런데 생리랑 상관없이 성관계에 관심이 없는 거라면 어떻게 해야 성관계를 좋아하게 될까요?

동엽

사랑하는 사람에게 내가 이렇게까지 큰 존재구나, 하는 것을 느끼게 해주는 것도 괜찮을 거 같아요.

지연

심리적으로 이 사람에게 엄청난 사랑 같은 심리적 만족감을 줬을 때 상대방의 자존감이 올라가면서 그에 대한 피드백으로 성적인 것도 욕구가 생기게끔 하는 거죠. 허

심탄회하게 대화해보시고 이것저것 시도해보는 것도 도움이 될 것 같아요. 힘내시기 바랍니다.

열한 번째 사연

안녕하세요. 20대 초반 여학생입니다. 자궁경부암 예방접종을 맞으려고 하는데, 아는 게 아무것도 없어서 인터넷을 좀 찾아봤어요. 성관계를 하기 전에 맞는 게 효과가 제일 좋다고 하더라고요. 근데 저는 지금 남자 친구가 있고, 남친이랑 이미 여러 번 했는데 괜찮을까요?

그리고 얼마 전에 남친에게 예방접종을 맞을 거라고 했더니 하지 말라고, 자기랑 헤어지고 맞으라는 거예요. 그래서 왜 그러냐고 하니까 그 주사를 맞는 동안에는 성관계를 하면 안 된다는 글을 인터넷에서 봤다고 하더라고요. 불안해서 인터넷을 뒤져봤는데, 말이 다 달라요. 관계할 때 콘돔을 끼면 괜찮다는 글도 있고, 항체가 생기는 건 3년이니까 상관없다는 글도 있고. 어떤 말을 믿어야 할지 모르겠어요. 그리고 혹시 부작용이 있지는 않나요? 사실 좀 무섭거든요.

073

일단 자궁경부암은 99%가 hpv라는 인유두종 바이러스에 감염돼서 걸립니다. 이 hpv 바이러스는 성관계로 전염되거든요. 성관계를 하지 않으면 걸릴 일이 없어요. hpv 바이러스를 예방하는 주사가 있는데, 그게 바로 자궁경부암 예방접종입니다. 예방접종은 해당 균이나 바이러스에 노출된 적이 없을 때 맞으면 효과가 가장 좋잖아요. 그래서 자궁경부암 예방접종도 성 경험이 없는 사람에게 효과가 제일 좋고, 나이가 어릴수록 항체역가가 많이 생긴다고 알려져 있습니다. 그래서 현재 우리나라에서는 만 12세 여자아이들에게 무료로 접종해주고 있습니다. 이런 점 때문에 성관계를 한 분들은 맞으면 효과가 없거나 효과가 떨어진다고 이야기하는 겁니다. 그렇지만 성경험이 있더라도 지금 현재 hpv 바이러스에 감염되어 있지 않다면 아무 상관이 없습니다.

아, 그렇군요.

성 경험이 있어도 주사를 맞는 게 당연히 좋습니다. 생식기에 감염되는 hpv 바이러스는 40여 가지가 있는데, 그 중 9개를 예방해주거든요. 자궁경부암은 93~97% 정

도 예방되고, 성기 사마귀 같은 것도 예방됩니다. 사실 암 중에 이렇게 높은 비율로 예방할 수 있는 게 없잖아요. 득실을 따질 때 득이 너무 많은 주사죠.

동엽

주사 맞는 동안에는 성관계를 하면 안 된다는 주장도 있잖아요.

지연

이 주사는 세 번 맞아야 하는데, 다 맞는데 총 6개월이 소요돼요. 그런데 1차를 맞고 추가 접종을 하기 전에 성관계를 해서 hpv 바이러스가 들어오면 효과가 없지 않을까 생각하는 거죠. 하지만 성관계를 하면 안 된다고 규정돼 있지는 않습니다. 현재까지는 크게 상관없는 것으로 알려져 있습니다. 다만, 예방접종하는 기간에 바이러스에 감염되면 항체역가가 약하게 생길 수도 있으니, 이왕이면 콘돔을 끼고 관계를 가지면 이런 위험을 예방할 수 있겠지요.

동엽

혹시 부작용이 있을까요?

처음 나왔을 때 일본에서 예방접종을 한 뒤 전신질환이 나타났다는 사례가 있었어요. 하지만 최종적으로 연관성이 없는 것으로 밝혀졌지요. 당연히 맞는 게 좋습니다.

동엽

접종 기간에 관계를 하려면 콘돔을 사용하는 게 훨씬 안전하고, 부작용은 크지 않다는군요. 안심하고 접종하시기 바랍니다.

열두 번째 사연

저랑 남자 친구는 당연한 거지만 피임을 아주 꼼꼼히 해요. '노콘노섹'이 저희 관계의 필수 규칙이에요. 데이트를 하다가 아무리 분위기가 그쪽으로 흘러도 제가 가임기일 땐 절대 하지 않아요. 저는 이런 꼼꼼한 관계가 굉장히 건강하다고 생각합니다.

근데, 평소 제 남친이 걱정이 좀 많아요. 그 많고 많은 고민 중에는 임신도 포함되어 있어요. 그래서 그런지 남친은 삽입한 상태에선 사정을 못 합니다. 세 번 하면 겨우 한 번 정도 사정을 해요. 그것도 제가 정말 부단히 노력해야 합니다.

제가 왜 그러냐고, 그냥 편하게 할 수는 없냐고 물었더니 임신에 대한 걱정이 너무 커서 그럴대요. 우리가 결혼을 목적으로 만나는 사이도 아니고, 자기가 생각할 때 저랑 아이를 책임지기엔 아직 많이 모자라서 만약 임신이라도 하게 되면 인생 망치는 거 아니냐고 하더라고요. 솔직히 그 정도까지 고민할 줄은 몰랐어요.

세 살 짱이 친한 친구한테 이런 얘기를 했더니, "그거 그냥 지루인데 거짓말하는 거 아냐? 걱정은 걱정이고, 사정은 사정이지" 하더라고요. 그 얘길 듣고 나니까 정말 지루가 아닌가 의심이 들어요. 남친이 임신 걱정 때문에 사정을 못 하는 걸까요, 아니면 친구 말대로 지루인 걸까요?

동엽

아… 어렵네요. 근데 하루에 세 번이나 한다니, 중간중간 자랑이 섞인 것 같네요. 어쨌든 지루에 대해서 여성들은 어떻게 생각하나요? 굉장히 큰 문제라고 생각하나요, 아니면 조루보다는 낫다고 생각하나요?

지연

지루인 경우에는 여자분들이 생각하는 게, 내가 매력이 없나, 혹시 나하고만 이런 거 아닐까 이런 걱정을 사실 많이들 하거든요.

동엽

사실 썩 유쾌하게 받아들일 수만은 없는 문제이지요.

지연

그렇죠. 조루는 내가 너무 매력적이어서 이 남자가 못 참는 건가, 이렇게 생각할 수도 있는데 지루는 자기 탓을 많이 하게 될 수도 있을 거 같아요. 내가 뭔가 해줘야만 할 거 같지요. 지금 이 사연을 보낸 분도 부단히 노력하고 있다고 했잖아요. 이렇게 자기 탓을 하게 되는 게 가장 큰 문제라고 생각해요.

동엽

그렇군요. 그런데 사연 속 남자분에 대해선 어떻게 생각
하시나요? 정말 지루일까요?

지연

일단 지루도 카테고리가 좀 나뉩니다. 아예 사정을 못 하
는 사람이 있고, 정상적인 관계에선 사정을 못 하지만 자
위나 구강성교로는 사정하는 경우도 있어요. 어쨌든 못
하는 것은 아니기 때문에 지루는 아닌 것 같아요. 그리고
지금 피임을 스리콤보로 하고 있잖아요. 콘돔에다가 비
가임기에다가 질외사정까지 엄청나게 피임을 하고 있거
든요. 걱정이 너무 많은 편이지요, 이 남친분이. 그리고 어
떻게 사정하는지도 궁금해요. 본인이 해결하는 건지, 여
친이 뭔가 다르게 해결해주는 건지, 아니면 그냥 정말 질
외사정을 하는 건지. 그에 따라 이야기가 달라지겠지요.

동엽

사실 지금 정확하게 상황을 파악하지 못했는데 그냥 아
무렇게나 얘기할 순 없겠네요. 그래도 굳이 이야기한다
면, 제 생각에 그냥 단순 지루는 아닌 거 같습니다.

지연

네, 아닐 거 같습니다.

동엽

의사 언니가 말씀하셨듯이 다시 사연을 보내 자세한 부분을 말씀해주시면 그때 제대로 시원하게 답을 해드리겠습니다. 근데 크게 걱정할 일은 아니라고 생각합니다.

지연

네, 제 생각도 그렇습니다.

동엽

사연으로만 봤을 때는 고민할 게 별로 없어 보입니다. 마음 놓으세요.

열세 번째 사연

스무 살 새내기이지만, 아직 학교는 한 번도 못 가본 대학생입니다. 얼마 전에 아르바이트 하는 곳에서 남자 친구가 생겼어요. 그런데 요즘 남친과 만날 때 분위기를 보면, 곧 첫 경험을 하게 될 것 같아요.

제가 워낙 생리 주기가 불안정하고, 남친도 경험이 많은 느낌은 아니라서 조심하자는 생각에 미리 경구피임약을 먹어두려고 합니다. 그런데 제가 어렸을 때부터 몸이 좀 약해서 약을 장기간 복용하는 게 사실 좀 걱정되거든요. 그래서 일반인들이 추천하는 피임약을 먹기보다는 산부인과에 가서 제게 맞는 피임약을 처방받고 싶어요. 제가 너무 걱정이 많은 걸까요? 그리고 루프인가? 뭐 그런 것도 있더라고요. 앞으로 많이 하게 될지도 모르는데 아예 그걸 해야 하나 싶기도 하고, 생각이 많습니다.

저처럼 산부인과에 가서 직접 처방 받아서 피임약을 먹는

분들도 계시나요? 아니면 의사 언니가 혹시 좋은 피임약을

추천해줄 수 있으실까요?

동엽

스무살 새내기. 의욕이 넘치는 분이신 거 같아요. 하나하나 집어보겠습니다. 일단 경구피임약이 뭔가요?

지연

먹는 피임약이죠. 말 그대로 피임을 목적으로 먹는 호르몬제라고 생각하시면 됩니다. 이 약은 매일매일 먹어야 해요. 24시간 간격으로 먹어야 하는데, 일주일 후부터 피임 효과가 발휘됩니다. 먹는 기간 내내 피임 효과가 있고, 복용을 중단하면 피임 효과가 바로 없어집니다.

동엽

산부인과에 가서 자신에게 맞는 피임약을 처방 받고 싶다. 이건 어떤 의미로 받아들여야 합니까?

지연

피임약은 크게 두 가지가 있어요. 하나는 처방전이 있어야 되는 거고, 하나는 약국에서 처방전 없이 구입할 수 있는 거지요. 피임 효과는 큰 차이가 없어요. 차이점이 있다면 처방 받아야 하는 피임약은 금기증이 있어서 피임약을 복용하면 안 되는 사람에게 필요한 건데, 최근에는 그것도 좀 바뀌어서 약국에서 사는 약과 큰 차이가 없습니다. 약국에서 살 때도 금기증을 꼭 감별하고 약을 드

리거든요. 가장 조심해야 하는 금기증을 말씀드리면 만 35세 이상이고 흡연하시는 경우, 피임약은 금기예요.

동엽

지금 스무 살 새내기니까 괜찮겠네요. 그럼 스무 살 흡연 은 어떤가요?

지연

괜찮아요. 금기가 아니에요.

동엽

서른여섯 살 금연은?

지연

괜찮습니다.

동엽

서른다섯 살 넘고 흡연…. 그럼, 음주는요?

지연

음주는 나이와 상관없이 괜찮습니다.

동엽

또 루프 얘기를 했지요. 루프를 여성용 콘돔이라고 얘기
할 수 있나요?

지연

루프는 자궁 내 삽입장치를 말합니다. 자궁 안에다 T 자
모양의 장치를 넣는 거예요. 루프를 넣으면 매일매일 일정
한 양의 호르몬이 분비되어서 약을 먹는 거랑 똑같은 작용
을 합니다. 약통을 몸 안에 넣는 거라고 생각하면 돼요. 매
일 약을 먹어야 한다는 부담감이나 번거로움이 없다는 게
장점입니다. 루프는 한번 삽입하면 3~5년 정도 유지됩
니다. 꽤 오랫동안 신경을 안 써도 된다는 게 가장 큰 장
점이지요.

동엽

여러 가지 장점이 있지만 굳이 단점을 들면 어떤 게 있을
까요?

지연

한번에 목돈이 들어가고, 자궁을 건드린다는 게 단점이
지요. 그거 말고는 약간의 호르몬 부작용 같은 게 있는
데, 그건 피임약도 마찬가지입니다.

동엽

목돈이 들어간다고 했는데, 병원이나 지역마다 차이가
있겠지만 비용이 대략 어느 정도인가요?

지연

대략 30만 원 정도입니다. 사연자분은 생리주기가 불안
정하다고 했잖아요. 이런 분들에게는 사실 경구피임약이
좋습니다. 그걸 떠나 나이로만 봤을 때 루프나 임플라논
같은 장기간 피임법도 나쁘지는 않아요. 한번 하면 5년
정도 유지되니까요. 25살까지는 임신을 시도하지 않을
가능성이 높잖아요. 그런 경우에는 5년 내내 약을 사 먹
는 것보다는 이런 피임장치를 한방에 해버리는 게 편할
수도 있어요.

동엽

자기에게 잘 맞는 방법을 취하는 게 좋을 거 같아요.

지연

맞습니다. 이분은 생리가 불안정하기 때문에 치료 목적
으로 피임약을 처방 받으면 보험을 적용받을 수 있습니
다. 실비 청구가 가능합니다.

열네 번째 사연

21살 때, 대학교 같은 과 선배랑 첫 경험을 했어요. 그날은 선배기 배려도 많이 해주고, 제가 너무 아파하니까 "그만해도 된다"고 달래주기도 했어요. 그래도 시작했으니 어찌어찌 잘 마무리했어요.

먼저 경험한 친구들 얘기를 들었을 땐, 관계를 갖고 나면 남친과 사이가 돈독해지고, 무엇보다 신세계가 펼쳐진다고 했거든요. 그런데 저는 잘 모르겠더라고요. 처음이라 그런 거고, 좀 더 익숙해지면 더 좋아지겠지 하고 넘어갔는데 그런 생각을 한 지 벌써 7년이 넘었습니다.

그사이 남친은 다섯 번 정도 바뀌었어요. 하지만 저는 여전히 관계가 불만족스러워요. 어떨 땐 남친이랑 하는 것보다 그냥 혼자 하는 게 더 좋더라고요. 언젠가부터 남친과의 잠자리가 의무처럼 느껴지기도 합니다.

성관계를 가지면서 남친이 좋아하는 모습을 보면 저도 좋

습니다. 남친이 좋아하니까 하긴 하는데, 아직까지 제가 정

말 만족스러웠던 적은 없어요. 불감증은 아닌 것 같은데, 이

유가 뭘까요? 저도 만족스러운 관계를 하고 싶은데 어떻게

해야 할지 모르겠습니다.

동엽

너무 안타깝네요. 첫 경험의 기억이 안 좋아서 그런 걸까요. 이런 고민을 하는 분들이 많지요.

지연

오르가슴을 못 느끼거나 아예 흥분하지 못하는 경우가 있어요. 흥분장애, 오르가슴 장애라고 말하지요. 혼자 하는 게 좋다고 하는 걸 보면, 혼자서는 오르가슴을 느낀다는 얘기 같아요. 그러면 불감증은 아닌 게 맞아요. 남친이 다섯 번 정도 바뀌었는데, 그분들이 다 이 여자분을 만족시키지 못했던 거죠.

동엽

남자들한테 다 문제가 있었던 걸까요? 그렇게만 얘기하기도 어렵지 않나요?

지연

이분이 충분히 흥분하고 충분히 느끼게끔 관계를 했어야 하는데 그렇지 못했나 하는 생각이 들기도 하네요.

동엽

그나마 다행인 건 혼자서도 전혀 못 느끼면 그건 조금 문제가 심각한데 혼자서는 만족한다고 하셨잖아요.

지연

불감증의 첫 번째 치료 방법이 자위거든요. 먼저 혼자 느껴보고, 그 후에 자기가 어떻게 하면 좋고 어떻게 하니까 느끼더라 하는 걸 상대방한테 알려주는 게 좋아요. 왜냐하면 남자랑 여자는 몸이 아예 다르기 때문에 말을 하지 않으면 경험이 많지 않은 남자는 당연히 모를 수밖에 없거든요.

동엽

그렇죠.

지연

여자들도 남자의 몸을 잘 모르잖아요. 남자도 마찬가지예요. 남친은 '이렇게 하면 좋겠지' 생각했겠지만, 여친은 여기가 간지러운데 다른 데를 긁어주고 있었던 거죠. 그래서 '나는 이렇게 하는 게 더 좋아'라고 말하는 게 첫번째 방법이 아닐까 하는 생각이 들어요. 한 가지 팁을 드리자면, 성관계를 할 때 남자는 발기가 돼야 관계를 가질 수 있잖아요. 여자도 사실은 발기가 돼야 해요. 똑같이 발기가 되어야 하는데 그렇지 않고 관계하는 경우가 많아요. 남자는 그냥 순간적으로 확 흥분하지만, 여자는 그렇게 한방에 확 흥분하지 않는 분이 더 많거든요. 여친이 흥분할 수 있도록 잠자리를 갖기 전에 남친이 도와줄 필요가 있어요.

동엽
그렇죠. 굉장히 중요한 얘기입니다. 우리가 흔히 성관계 간에 전희를 가져야 한다고 얘기하잖아요.

지연

충분히 전희를 느낀 후 관계를 가지면 남자와 여자 둘 다 아주 만족스러울 겁니다. 왜냐하면 여자도 그쪽 부위가 더 부드러워지고 더 좁아지고 윤활이 되거든요. 그렇게 되면 서로 느낌이 좋아지고, 여자도 통증보다는 쾌감을 훨씬 더 많이 느끼게 되고 감각이 더 예민해져요. 가끔 이런 문제로 상담을 청하는 환자들이 있는데, 남편에게 전희를 요구해보라고 말씀을 드립니다. 그런 식으로 조금 대화를 해보는 게 좋을 거 같아요.

동엽

아마 조만간 만족스러운 관계를 맺게 되지 않을까 합니다. 그나저나 이런 사실을 알게 됐으니 얼마나 다행이에요. 축하할 일입니다.

열다섯 번째 사연

다섯 살 연상 누나와 첫 연애 중인 20살 남자입니다. 저랑 누나 사이엔 누나가 정한 특별한 암호가 있습니다. 언제, 어디서든, 하고 싶을 땐 "바니바니 바니바니! 당근! 당근!" 이렇게 말하는 거예요.

사실 저는 좀 창피해서 못 하고, 누나만 해요. 처음에는 그냥 전화할 때나 둘만 있을 때 주로 했는데요, 요즘은 밖에서 사람이 많을 때도 자꾸 신호를 보내요. 게다가 신호의 수준이 아주 대담해지기 시작했어요. "바니바니 바니바니! 누구 당근이 먹고 싶네."

누나가 그렇게 신호를 보낼 때면 어디로든 숨고 싶은데, 누나는 재밌나 봐요. 피곤해서 하기 힘들 때도 누나가 신호를 보내면 거부할 수 없어요. 안 하면 끝까지 놀리니까요. 누나는 성인인데 뭐 어떠냐고 하지만, 밖에서도 그런 신호를 보내니까 정말 곤란해요.

원래 어른의 연애가 이런 건가요? 첫 연애라 아직 잘 모

르겠어요. 제 반응이 재미있어서 누나가 더 그러는 거 같은

데, 연애할 때 둘만의 암호나 약속 해보신 적 있나요?

동엽

아, 바니바니···. 이렇게 사인을 보낸다는 얘기를 들은
적 있으세요?

지연

딱히 사인을 보낸다기보다 제 친구는 그냥 대놓고 얘기
한다더라고요. 더 대담한 친구들도 많지요.

동엽

근데 만약에 전혀 모르는 사람인데, 어떤 여자분이 "바
니바니 누구 당근이 먹고 싶네. 누구 당근이 먹고 싶어.
나 지금 먹고 싶어" 이러면 눈치챌 거 같아요? 못 챌 거
같아요?

지연

금세 알아채죠.

동엽

그렇죠. "당근이 먹고 싶네"를 다른 것으로 바꾸면 안 될
까요? 당근이 주는 이미지가 있어서 그런가 너무 드러내
놓고 표현하는 것 같네요.

아니, 저는 "먹고 싶네"가 좀 더 문제인 거 같아요. '당근을 사고 싶네, 당근을 키우고 싶네' 이렇게 "먹고 싶네" 말고 다른 동사를 선택해보면 어떨까요?

당근, 바나나, 가지 이런 것들은 이미지 때문에 오해의 소지가 있는 단어들이니 차라리 그때그때 제철과일을 부르면 어떨까요? 딸기 먹고 싶네, 토마토 먹고 싶네, 그렇게요.

아… 괜찮네요. 디저트를 얘기하는 건 어떨까요. 요즘 예쁜 디저트들 많잖아요. 티라미슈 먹고 싶네. 쇼트케이크 먹고 싶네.

아, 그런데 그렇게 하면 진짜 먹고 싶을 때는 그런 얘기를 하지 못하겠네요.

정말 케이크가 먹고 싶은지 다른 게 먹고 싶은지 눈빛으로 알 수 있지 않을까요?

101

동엽

그런데 누나랑 이런 추억을 쌓는 것도 저는 나름 재미있

을 거 같아요.

지연

그렇죠. 너무 귀여워요. 이런 암호를 정해서 서로 신호를

주고 받는다는 게⋯. 좀 나이가 들면 솔직히 이런 거 잘

안 하잖아요.

동엽

그 단어만 어떻게 바꿀까 누나와 한번 잘 말해보세요.

지연

저도 오늘 암호를 한번 고민해봐야겠어요.

열여섯 번째 사연

얼마 전 우연찮게 아내의 핸드폰을 보게 됐습니다. 아내와 20년 지기 친구들의 단체 채팅방이었는데요. 본인들의 부부관계에 대해 정말 스스럼없이 이야기하더군요. 한 친구가 "아, 나는 일주일에 한 번 하는데 좀 귀찮아" 이렇게 말하면 다른 친구가 "야! 감사합니다 하면서 살아! 나는 한 달에 겨우 두 번 할까 말까다"라고 말하는 식이었습니다. 그렇게 자세한 이야기를 하는 줄은 생각도 못 했습니다. 무엇보다 아내의 대답이 좀 충격적이었습니다. "부럽다. 남편들이 다 활기가 넘치네. 우리 남편은 잘 안 해! 나도 별로 하고 싶지 않고."

물론 하고 싶지 않을 수도 있죠. 하지만 그 말을 굳이 채팅방에서 할 필요가 있었나 싶습니다. 억울한 건, 제가 그런 분위기를 만들어도 늘 아내가 거부했거든요. 그게 피곤해서가 아니라 그냥 하기 싫어서였다는 걸 알고 나니 더 상처가 되

더라고요.

우리 부부 사이에 무슨 문제가 있는 걸까요? 아내에게 자세히 물어보고 싶은데, 어떻게 말을 꺼내야 할지 모르겠습니다. 보통 여자들은 친구들끼리 이런 얘기를 하나요?

동엽

음, 좀 문제가 있어 보이네요. 그런데 일단 아내의 휴대폰은 안 봤으면 좋겠어요. 뭐 아내분도 마찬가지고요. 두 분이 지금까지 어떤 식으로 지내왔는지는 모르겠습니다만, 우연찮게 보게 되었더라도 이제 더 이상 보지 않는 게 좋을 것 같아요. 그리고 아내의 이야기에 충격을 받았다고 하셨잖아요. 저도 프로그램을 하면서 주변 분들과 이런저런 얘기를 하면서 알게 된 건데, 오히려 남자들보다 여자분들이 훨씬 더 여러 가지 정보를 주고 받고 되게 솔직하게 대화를 나누시더라고요. 그런데 뭐 그럴 수도 있는 거 아닌가요?

지연

당연히 그럴 수 있죠. 여자분들이 결혼한 뒤 사회생활을 하지 않는다면 남편하고의 부부관계, 아니면 자식 얘기 말고는 사실 할 얘기가 없기도 해요.

동엽

그렇죠.

지연

아니면 시부모님 이야기도 있겠네요. 이야기의 주제가 이렇다 보니 남편 흉도 볼 수 있고, 자랑도 할 수 있지요. 그

러다 보면 부부관계에 대한 얘기도 자연스럽게 나올 수
있어요. 이게 남편을 꼭 욕하고 싶어서라기보다는 그냥
이런저런 이야기를 하면서 친구들한테 하소연하고 위로
도 좀 받고 그러는 게 목적이라고 봅니다.

동엽

사실 여자 친구들끼리 모여서 남편 자랑을 많이 하면 좀
재수 없죠.

지연

재수 없죠.

동엽

대체적으로 흄 보면서 낄낄 웃고 시간을 보내지요. 그리
고 남편이 그런 분위기를 만들어도 아내가 거부했다는
데, 이 문제는 어떻게 생각하세요?

지연

두 분 다 성욕이 그렇게 넘치지는 않는 거 같아요. 부부
관계를 한 지 오래되면 권태기가 오기도 하고, 서로에 대
한 성적 흥분도 떨어지잖아요. 아무래도 이런 게 원인이
되지 않았나 싶습니다. 다른 친구분도 일주일에 한 번 하
는데 귀찮다고 했잖아요. 그게 또 좋지 않을 수 있어요.

일주일에 한 번 하는 게, 남편에게 맞춰주느라 억지로 하는 것일 수도 있거든요. 남편분도 딱히 하고 싶지 않고, 아내분도 딱히 하고 싶지 않다면 그냥 시간을 보내는 것도 괜찮다고 봅니다.

동엽

오히려 그런 쪽으로 궁합이 맞는 거라고 할 수 있다는 거죠?

지연

그렇죠. 만약에 두 분 다 두 달에 한 번 하는 게 좋다면 두 달에 한 번 하는 것도 괜찮습니다. 그러다 좀 더 활발한 성관계를 하고 싶다면 다른 방법을 선택하면 됩니다. 기구의 도움을 받거나 분위기를 바꾼다거나.

동엽

뭔가 잘 모르는 남편분들은 성관계를 하면 여자가 무조건 좋아할 거라고 잘못 생각하는 경향이 있어요. 절대 그렇지 않습니다. 제가 방송을 하면서 많은 분과 이야기를 나눠보니 분위기가 정말 중요하더라고요. 상대를 얼마나 존중하느냐, 진심을 다해서 애틋한 분위기를 만들어 가느냐 거기서부터 출발해야 합니다. 오늘은 부부관계하는 날. 이렇게 정하고 정해진 대로 딱딱하게 가는 것보다는 1년에 한 번 하더라도 그 한 번이 제대로 서로가 원했을 때 이뤄지는 게 아름다운 성생활이지 않나 생각합니다.

저는 20대 후반이고, 여자 친구는 20대 초반입니다. 처음부터 제가 여친을 더 많이 좋아해서 오랜 노력 끝에 사귀게 됐습니다. 연애를 시작할 때, 여친이 최소한 1년은 지나야 관계를 하겠다고 했거든요. 뭐, 본인만의 연애 철학이라고 하는데, 그때는 당연히 알겠다고 했죠. 참을 수 있을 거라고 생각했거든요.

그런데 두 달쯤 지나니 못 참겠더라고요. 그렇다고 여친이 싫다는데 강요할 수도 없고. 그래서 정말 말하고 또 말해봤는데 여친이 짜증이 나는지 저한테 이렇게 얘기하는 겁니다.

"그렇게 하고 싶으면 다른 여자랑 원나이트라도 해!"

물론 홧김에 한 소리라는 걸 알지만, 굉장히 충격이었습니다. 여친은 저를 진심으로 좋아하지 않는 걸까요? '그냥 내가 잘해주고, 말도 잘 들으니까 그래서 사귀어주는 건가?'라는 생각까지 듭니다.

동엽

이 여자분은 남친이 다른 여성과 관계해도 정말 괜찮다
고 생각하는 걸까요? 그렇다면 건강한 연애는 아닌 것
같은데 의사 언니 생각은 어떠세요? 다른 걸 다 떠나서
그렇게 하고 싶으면 다른 여자랑 원나이트라도 하라는
말, 절대로 그렇게 할 거라고 생각하지 않기 때문에 하는
말 아닌가요?

지연

그렇죠. 진심이 아니죠.

동엽

그러면 정말 딱 365일 지나면 관계를 가져야겠다고 생
각하는 게 아니라 좀 자연스럽게 풀어가야 하지 않을까
요? 어떻게 생각하세요?

지연

최소 1년이라고 말은 했지만 그전에라도 마음이 바뀔 수
있는 거고, 1년이 지나도 마음이 생기지 않을 수도 있는
거지요.

동엽

그렇죠.

111

지연

여친이 자연스럽게 마음이 생길 때까지 기다려줘야 하는 게 아닌가 싶어요. 그리고 여친이 처음에 얘기한 건 1년 인데, 남친이 두 달 만에, 3개월도 6개월도 아니고 2개 월 만에 계속 조르기 시작했잖아요. 그러면 여친 입장에 서는 '이 사람이 나를 존중하지 않나, 이 사람이 나를 사 랑하지 않는 건가' 생각할 수도 있을 거 같아요.

동엽

그렇게 얘기했음에도 불구하고 계속 말하고 또 말했다 고 표현했잖아요. 짜증 날 수도 있죠.

지연

짜증 나죠. "그렇게 하고 싶으면 딴 여자랑 해. 너는 나 랑 섹스할 생각밖에 없구나. 너는 그 생각밖에 없으니 까, 그럼 딴 여자랑 해서 욕구를 풀어." 그런 말이 튀어 나오게 되는 거예요. 여친분은 '이 남자가 나를 진심으 로 좋아하지 않는 게 아닐까' 그런 생각이 들 거 같아요. 아까 말씀하신 것처럼 여친분의 마음이 자연스럽게 열 리면 1년이 되지 않았더라도 먼저 자연스럽게 스킨십을 하지 않을까 생각합니다.

동엽

그런데 아무리 상대방이 좋다고 해도 계속 제발, 제발, 한 번만 이렇게 조르면 좀 짜증 날 것 같아요. 같은 남자가 보더라도 짜증 나지요. 만약에 진짜 진심으로 좋아해서 만난다면, 이런 정도의 얘기는 할 수 있죠. "만난 지 얼마 되지도 않았는데도 이렇게 사랑스러우면, 한 달 후 두 달 후에는 또 어떤 느낌으로 만나고 있을까? 시간이 지나면 지날수록 좋은 느낌이 더 강해지는데, 처음 얘기했다시피 나는 얼마든지 기다려줄 수 있지만 너의 눈을 보고 있으면 나도 모르게 꽉 껴안고 싶고 그런 생각이 들긴 해." 그냥 애틋하게 솔직하게 얘기해보는 거예요.

지연

맞아요.

동엽

제발 한 번만, 오늘 어떻게… 응, 제발…. 이거는 아니지요. 여자가 볼 때 매력적이지 않을 거 같아요.

지연

다른 여자를 만나라는 둥 그렇게 심하게 말했는데도, 이 남자가 나를 위해 참아주는구나 하는 생각이 들면 여자는 감동 받을 거 같아요.

동엽

관계를 갖자는 이야기는 가급적 그만 꺼내는 게 나을 것
같아요. 그냥 만나서 재미있게 시간을 보내고 자연스럽게
분위기를 이끌어가세요. 아직 두 달밖에 안 됐잖아요.

지연

그렇지 않다고 해서 좋아하지 않는 건 아닙니다.

동엽

아리스토텔레스가 이런 말을 했다고 해요. "예술의 목적
은 사물의 외관이 아닌 내적인 의미를 보여주는 것이다."

지연

그럼 저는 이렇게 바꿀게요. "관계의 목적은 상대의 외
관이 아닌 내적인 의미를 공유하는 것이다."

열여덟 번째 사연

30대 초반 평범한 여자입니다. 5년간의 연애 비수기 끝에 드디어 남자 친구가 생겼어요. 만나면 만날수록 너무 다정하고, 따뜻하고, 말도 잘 통하는 사람이라 당연히 속궁합도 좋을 거라고 생각했습니다. 그런데 저번에 처음 관계를 했는데, 정말 아무 느낌도 없는 거예요! 제가 너무 조용하니까 남친도 이상했는지 묻더라고요.

"괜찮아? 안 좋아?"

"어? 어, 뭐, 좋아."

"근데 왜 이렇게 조용해? 원래 소리 안 내?"

"어? 좀 창피해서…."

이러고 말았는데요. 솔직히 저, 많이 실망했어요! 하드웨어 자체가 좀 많이 작은 편이더라고요. 으라차차! 했을 때를 가늠해보면, 6~7cm 정도랄까요? 아, 너무 속상해요! 남친에게 솔직히 말할 수도 없고, 그렇다고 느낌이 없는데 연기를 하면서 만날 수도 없고. 너무 고민입니다. 전남친이 평균 이상은 했던 것 같아서 더 비교도 되고요. 저, 남친을 계속 만날 수 있을까요?

동엽

안타까운 사연이네요! 사실 6~7cm 정도라면 한국 남
자들의 평균 하드웨어보다는 좀 작은 것 같긴 하네요. 이
거 어떻게 해야 하죠?

지연

저는 솔직히 말해야 한다고 생각해요. 정말 말씀하신 정
도의 크기라면 저는 남친분이 의학의 도움을 받아야 하
지 않을까 싶네요.

동엽

제가 대한비뇨의학회 홍보대사예요. 그래서 비뇨기과,
비뇨의학과 의사 선생님들이 다 모인 행사 자리에 가서
요즘 의학 기술이 얼마나 발달했는지 들어본 적 있습니
다. 얼굴에 맞는 필러를 있잖아요. 필러를 성기에 시술
하는 경우가 굉장히 많은데, 만족도가 높다고 들었어요.
뭐, 사람마다 다르겠지만요. 예를 들면 이런 거라도 남친
이랑 상의해서 시술 받아보는 것도 좋을 것 같네요.

지연

제가 알기로는 30% 정도 굵기를 확장시킬 수 있다고 해
요. 어친의 불만이 아니더라도 앞으로의 삶을 생각했을
때 누구를 만나든 자신감을 가지려면 의학적인 도움이

좀 필요하지 않을까 하는 생각이 드네요. 그런데 이런 얘기를 하면 남친에게 많이 상처가 될까요?

동엽

글쎄요. 뭐라고 해야 할지…. 하늘이 무너져내리는 거 같겠죠? 뭐라 말씀드릴 수 없어 죄송하네요.

지연

아, 그 정도인가요?

동엽

남자로서 자존감이 꺾일 수도 있어요. 그런 생각을 해보지 않았던 사람이라면 더더욱 그럴 수 있고요. 약간 콤플렉스를 느끼면서 살아왔다면, 친구들한테도 어렸을 때부터 장난스럽게 놀림을 당해왔다면 마음의 상처가 크겠지요. 그런 면을 여친도 좀 걱정하는 거 같아요.

지연

제 친구 이야기입니다. 상대 남자가 정말 너무 마음에 들고 모든 조건이 좋아 결혼까지 생각하고 있었는데, 하드웨어 때문에 잠자리가 너무나 만족스럽지 않았던 거예요. 이 친구가 저한테 그러더라고요. 본인은 만족스러워한다고. 본인은 혼자 흥분하고 다 느끼는데, 나는 아무런 만족감이 없고 하는지도 모르겠다고. 그러다가 결국은 헤어졌어요. 이거 때문에. 딱 이거 하나 때문에.

동엽

그냥 끙끙 앓다가 헤어지기보다는 좀 진지하게 서로 얘기를 나눠봐야 할 거 같아요. 만약 그렇게 고민만 하다가 헤어진다면 왜 헤어지는지 명확하게 이유도 모른 채 헤어짐을 당하는 거잖아요. 그런데 사실은 이것 때문에 헤어지자는 얘기를 듣는 것도 큰 상처겠네요.

지연

정말 큰 상처이지요. 우주가 무너져내리는 것 같을 거예요.

동엽

진지하게 조심스럽게 얼마나 사랑하는지 먼저 얘기한 다음에 오래오래 예쁘게 만나고 싶은데, 이런 거에 대해 생각해보자, 하고 이야기를 꺼내보시기 바랍니다.

열아홉 번째 사연

어느 순간부터인지 모르겠어요. 관계할 때, 남자 친구가 내는 소리가 거슬리기 시작했습니다. 이걸 어떻게 표현해야 할지 모르겠어요. 정말 이상한 소리를 내거든요. 굳이 비유하자면 약간 호랑이 소리 같다고나 할까요? "어흐응. 어흐… 어흐응…." 뭐, 이런 느낌인데, 제가 쓰면서도 너무 싫네요, 진짜.

몇 번 참다가 남친한테 단도직입적으로 이야기했어요. 그 소리 좀 내지 말라고. 근데 남친은 알겠다고 해놓고 또 그 소리를 내는 거예요! 그래서 안 되겠다 싶어 그냥 녹음해서 남친한테 들려줬어요. 그제야 남친도 알더라고요. 자기가 얼마나 이상한 소리를 내는지. 저는 그 소리가 싫고, 남친은 그 소리를 참을 수 없으니 어떻게 해야 할지 모르겠어요. 고칠 방법 좀 알려주세요.

정확하게 어떤 소리를 내는지 표현하기는 어렵지만, 이게

한 번 거슬리기 시작하면 계속 걸리거든요! 남친 입을 틀어

막을 수도 없고. 예전에 독서실에서 쓰던 주황색 귀마개라도

써야 할까요? 어떻게 해야 할까요?

동엽

이게 한번 거슬리기 시작하면 진짜 계속 거슬리거든요.

지연

그렇죠.

동엽

뭐 하나에 꽂히면 딴 생각을 할 수 없지요. 거기에만 꽂혀서. 이런 고민이나 사연 받아본 적 있으신가요?

지연

병원에 와서 이런 얘기를 하시는 분은 드물죠.

동엽

결정적인 순간에, 그러니까 남친이 소리를 지르려고 할 때 뭔가 다른 말을 시켜서 대화를 나누는 건 어떨까요?

지연

시작될 것 같은 느낌이 들면 바로 "오빠 너무 좋아" "오빠 이따 뭐 먹을까" 이렇게 화제를 돌리는 거죠. 아니면 음악을 크게 틀어놓고 그 소리가 상쇄되게 하는 건 어떨까요? 블루투스 이어폰 있잖아요. 그거로 음악을 듣거나….

동엽

아니 뭐 그렇게까지….

지연

남친 블루투스에는 녹음한 걸 들려주는 거예요. 하는 내
내 들으라고.

동엽

하하하. 오, 괜찮은데요. 하는 내내 자기가 내는 소리를
들으면서…. 재미 삼아 한 번쯤 해보는 게 어떨까요?

지연

정신과 치료법 중에 그런 게 있거든요. 어떤 행동을 할
때 그런 행동을 하지 않게 하려면 더 큰 행동을 하게끔
해서 상쇄시키는 거예요. 거기에 착안해서 계속 남자 친
구한테 녹음한 소리를 들려주는 거죠.

동엽

제가 진행하고 있는 〈동물농장〉에도 예전에 어떤 강아
지가 공에 굉장히 집착하는 이야기가 나왔거든요. 똑같
은 공 100개를 깔아놨더니 애가 너무 헷갈려하면서 정
신이 혼미해지더니 나중에 관심을 갖지 않더라고요. 그
러니까 의사 언니가 말씀하신 것처럼 그 소리를 남친에

게 계속 들려주는 것도 나쁘지 않을 거 같아요. 이 정도로 심각하다는 걸 깨닫게 해주는 거죠. 이 방송을 함께 듣는 것도 방법인 거 같습니다. 직접 얘기하는 게 좀 그럴 수도 있으니까요.

저는 토익 학원에 다니고 있어요. 학원에서 정말 딱 공부만 하려고 다짐했는데, 정말 제 취향인 남자를 만나 어쩔 수 없이 다짐을 깨고 말았습니다. 그 남자랑 잘해 보려고 일부러 일을 만들어서 괜히 먼저 연락하고 그랬는데, 지금은 잘 풀려서 약간 썸 타고 있어요. 그러다 며칠 전에 썸남이랑 서로 연애관에 대해 이야기한 적이 있는데, 썸남이 그러더라고요.

"나는 사귀기 전에 먼저 자봐야 한다고 생각해! 속궁합을 미리 맞춰봐야 나중에 고생을 안 하지."

그 말을 들었을 땐, '그럼 얘는 다 가볍게 만난다는 건가?' 이런 생각이 들었는데, 곰곰이 생각해보니 그 말도 일리가 있더라고요. 저는 원래 연애하다가 정말 이 남자다 싶으면 했거든요.

그런데 썸남이 너무 좋아요. 얘랑 연애하려면 먼저 자봐

야겠죠? 이거 썸남이 저한테 눈치 준 건데, 제가 못 알아들

은 걸까요? 썸남이 그냥 얘기한 걸까요, 눈치를 준 걸까요?

그리고 사귀기 전에 관계하는 거, 어떤 거 같으세요?

동엽

야…. 근데 사연 주신 분, 로또에 당첨된 거 아니에요?

지연

아, 그런가요?

동엽

학원에 갔는데 진짜 완벽한 이상형을 만난 거잖아요. 그런데 썸남이 사귀기 전에 먼저 자봐야 한다고 했고, 이분은 또 일리가 있다고 느끼는 거잖아요.

지연

일리 있다고 생각해서 속궁합을 맞춰봤는데 안 맞으면 안 사귀는 건가요? 그러니까 썸을 타면서 감정적인 것도 맞춰보고 속궁합도 맞춰보면서 연애 비슷하게 하다가 아니다 싶으면 연애를 시작하지 않고, 이렇게 했는데 다 맞으면 연애를 시작하고 뭐 그런 건가요?

동엽

그런 건 굳이 말을 표현하지 않더라도 자연스럽게 이어가야 하는 건데…. "자, 그러면 알았어. 나도 그렇게 생각해. 그럼 언제 잘까? 그래. 스케줄 표 보고, 모레쯤 어때?" 이건 너무 이상하잖아요.

지연

네, 맞아요. 자연스럽지 않지요.

동엽

그 질문에 꼭 대답할 필요는 없을 거 같아요. 조금 자연
스럽게 "왜 꼭 그렇게 생각해? 왜 그래야만 한다고 생각
해? 예전에 무슨 일 있었어?"라고 말하면서 조금씩 가
까워지다 보면 자연스럽게….

지연

흘러가는 대로….

동엽

누가 먼저랄 거 없이 그런 분위기가 형성되는 거. 그게
중요한 거 같습니다.

뉴턴이 이런 말을 했다고 해요. "오늘 할 수 있는 일에
최선을 다해라."

지연

그럼 저는 이렇게 바꿔볼게요. "오늘 할 수 있는 관계에
최신을 다해라."

스물한 번째 사연

고등학교 2학년 때 만난 남자 친구랑 대학교 2학년인 지금까지 사귀고 있는데요. 요즘 남친이 저를 여자로 안 보는 것 같아서 고민이에요. 처음엔 남친이 저랑 손만 잡아도 벌떡벌떡(발기) 했거든요. 나중에 뽀뽀도 하고 키스도 하니까 더 자주 벌떡했고요. 근데 그땐 아무것도 모를 때라 진짜 짜증이 났어요. 남친이 세상에서 제일 변태 같고, 더럽게 느껴지고…. 그런데 지금은 키스를 해도 벌떡을 안 하는 거예요. 뭐, 관계는 하지만요. 진짜 진한 딥키스를 하는데도, 남친이 벌떡 안 하니까 왜 그런지 서운하더라고요.

제가 이런 얘길 친구한테 했더니, "내 남친은 내 목소리만 들어도 서는데, 너무 오래 사귀어서 이제 널 여자로 안 보이는 거 아니야?" 이렇게 얘기하더라고요. 설마 진짜 그런 걸까요? 관계가 너무 편해지면 그럴 수도 있나요?

132

동엽

20대 초반에는 충분히 이런저런 생각을 할 수도 있죠. 그
렇죠?

지연

그나저나 친구, 너무 얄밉네요.

동엽

맞아요. 이 사연을 읽자마자 그런 친구는 멀리하라고 먼
저 얘기해주고 싶었어요. 그런 친구가 나중에 꼭 위로해
준답시고 비수로 더….

지연

기분 좋고 긍정적인 얘기를 해줘도 될 텐데…. 굳이 부
정적으로….

동엽

만약에 이런 생각을 가지고 있으면, 그럼 언제부터는 괜찮
을까요? 지금 4년 정도 사귄 건가요? 햇수로는 4년째 됐
는데, 6년째 되면 이해할 수 있을까요? 아님 8년째? 9년
째? 아님 10년? 이건 명확한 게 없잖아요. 만약에 이런
생각이 계속 이어진다면 할머니들도 사연을 보내겠지요.
이제는 제가 여자로 안 보이는 걸까요? 라면서요.

지연

그렇죠.

동엽

돌이켜보건대, 고등학생 때는 그냥 아무런 이유 없이도 더… 막 뭔가 말도 안 되게 그럴 때가 있어요. 제일 짜증 나는 게 버스 타고 학교 다닐 때 뒷자리에 앉잖아요. 친구들이 힘들다고 같이 앉자고 해요. 그럴 때 싫다며 살짝 밀칠 때 마찰이 일어나고. 그 자극 때문에 살짝 그럴 때가 있어요. 그럼 진짜 짜증 나는 거죠. 그 친구도 짜증 나고, 저도 짜증 나고…. 주변 친구들은 괜히 놀려대고…. 그러니까 남자들은 그런 게 있거든요. 여자로 안 느껴져서 그런 건 절대로 아닙니다.

지연

여자 때문이 아니라 남자의 정상적인 생리적 변화 때문인 거네요.

동엽

그리고 아무래도 익숙해지면 큰 신체적인 반응이 나타나지 않더라도 마음은 더 깊어질 수 있거든요.

지연

그렇죠.

동엽

그래서 어른들이 만날 때마다 설레고 콩닥콩닥거리면 일찍 죽는다고 말씀들 하시잖아요. 평생 어떻게 설레고 콩닥콩닥 뛰겠어요. 결이 다른 애틋함이 분명히 있거든 요. 아, 그런데 20대 초반이라면 좀 서운하게 생각될 수 도 있겠네요.

지연

그런데 손만 잡아도 벌떡벌떡 했다고 하니까, 좀 약간 버튼 같은 느낌이 드네요. 딱 잡으면 발사, 약간 이런 느 낌? 4년 내내 그러는 것도 되게 웃길 거 같아요.

동엽

그런데 확실히 손만 잡은 거 맞아요? 어쨌든 마음 아픈 건 알겠지만, 절대 그런 거 아닙니다. 그걸로만 사랑의 농 도를 확인하면 안 돼요. 꼭 그렇지만은 않아요. 그리고 아까 그 친구, 그 친구는 서서히 좀 멀리하는 게 좋을 것 같네요.

스물두 번째 사연

저는 생리 주기가 정확한 편이라 하루이틀 이상 미뤄지는 일이 없어요. 그런데 5일 넘게 생리를 안 해서, 혹시 몰라 임신테스트기를 해봤더니 두 줄이 나온 거예요. 사후피임약을 먹기엔 시간이 너무 지나서 임신중절밖에 선택권이 없어요. 불법인 줄 알지만 어쩔 수 없어요. 제가 아직 어려서 아이를 책임질 수 있는 상황이 아니거든요.

물어물어 임신중절수술을 해준다는 병원을 찾았지만, 무서워서 아직 전화는 못 하고 있어요. 혹시 보호자와 함께 가야 하는 건가요? 남자 친구랑 헤어진 뒤 임신 사실을 알게 돼서 어떻게 말해야 할지 모르겠어요. 그리고 지금 아르바이트를 하고 있는데, 수술하고 바로 일할 수 있을까요? 임신중절수술에 대해 자세히 알려주세요! 제일 궁금한 거, 임신중절수술은 정말 불법인가요?

아…, 나이는 정확히 모르겠지만, 20대 초반이겠죠.?

아르바이트를 하고 있다니까 아마도….

고등학생은 아닌 거 같고요. 이건 정말 산부인과 전문의
인 의사 언니가 말씀해주셔야겠네요. 임신중절수술에 대
해서 참 말이 많아요. 일단 불법인 것으로 알고 있는데,
실제로는 그런 수술이 행해지고 있는 게 사실이지요.

그렇죠. 임신중절수술은 원래 불법이었다가 2019년 4월
11일 헌법 불합치라고 결론이 내려졌어요. 그에 대한 결
정은 2020년까지 보류된 상태예요. 결론이 나기 전에는
그냥 불일치로 다 무효화되는 거예요. 그렇다고 알고 있
거든요. 그래서 지금 애매한 상황이에요. 하지만 아직은
불법인 게 맞아요. 우리나라에서는 강간이라든가, 엄마
가 아기 때문에 목숨이 위험하다든가, 아기가 살 확률이
없다든가 이렇게 명백한 사유 말고는 다 불법이에요. 몽
땅 다. 주수도 상관없어요.

동엽

이게 굉장히 예민한 문제인 게 종교적으로, 정치적으로 얽혀 있는 게 많잖아요. 우리나라뿐만 아니라 해외에서도 그런 사례들이 많지요.

지연

그렇죠.

동엽

어디까지 어떻게 말씀드려야 할지 모르겠지만, 지금 제일 걱정되는 것은 수술하고 바로 일을 할 수 있느냐 하는 문제예요. 혹시나 만약에 본인이 어떻게든 수술을 받았다고 하면 바로 일을 해도 되나요?

지연

지금 생리가 5일 미뤄졌다니 임신 초기일 거 같아요. 아마도 5~6주 정도 되지 않았나 예상되네요. 이 주수에 임신중절수술을 받는다면 사실 몸에 엄청난 무리가 가지는 않아요. 그래서 다음 날 바로 일을 할 수 있긴 해요. 그리고 보호자랑 꼭 같이 가세요. 그 이유는 어떤 일이 생길지 모르잖아요. 그래서 법적 보호자 등 보호자와 같이 가는 게 안전하긴 하죠.

동엽

근데 이걸 엄마가 알게 되면 막 혼날 것 같고, 얼마나 실
망할까 이런 걱정이 들 텐데요.

지연

그렇죠.

동엽

물론 엄마가 알면 충격을 받겠죠. 하지만 나중에 부모가
돼보면 알겠지만, 내 자식의 건강과 미래를 최우선적으
로 생각하는 분은, 누구보다 깊이 생각하는 분은 바로 부
모님이기 때문에 혼나는 거 걱정하지 말고 솔직히 말씀
드리세요.

지연

네, 꼭 말씀드리세요.

동엽

말씀드리면 그 누구보다도 든든한 우군이 되어줄 거라
고 믿습니다.

지연

병원에도 부모님이 같이 가주시면 얼마나 마음이 편하

겠어요. 힘들 때 엄마한테 의지할 수도 있고요. 이게 정신적으로나 육체적으로나 너무 힘든 결정이잖아요. 그럴 때 의지할 수 있는 사람이랑 같이 있는 게 좋죠. 헤어진 남자 친구랑 같이 간다고 한들 의지가 되겠어요? 몸과 마음만 더 힘들어질 거 같아요. 꼭 부모님이랑 같이 가시길 권합니다.

동엽

힘들겠지만 그게 최선인 거 같습니다.

스물세 번째 사연

이걸 어떻게 설명해야 할지 모르겠어요. 저는 남자 친구랑 몇 번 하고 나면 금방 질리는 편이에요. 막 싫은 건 아닌데, 그렇다고 좋지도 않거든요. 그래서 오래 사귀지 못하고 석 달 정도 사귀면 제가 질려서 결국엔 헤어지자고 하게 돼요. 아무리 잘생기고 몸 좋고 기술이 좋은 남자라도 처음엔 좋은데, 점점 흥미를 잃게 되더라고요.

여자 친구들한테는 얘기하기가 그래서 남사친한테 얘기했더니, "와, 나 남자들 얘기는 몇 번 들었는데 여자는 처음이야! 너 그럼 평생 이 남자, 저 남자 만나게? 결혼도 안 하고?" 이러는데, 좀 무서워졌어요.

그래서 마지막에 만난 남친은 참고 더 만나보려고 했는데, 그냥 정말 관계를 한다! 이런 느낌만 들었어요. 티 안 내려고 했지만, 반응이 너무 차이가 나니까 남친도 눈치챘는지 먼저 헤어지자고 하더라고요.

이거, 병인 거죠? 제가 너무 쓰레기 같기도 하고, 여러 생
각이 들어요. 의사 언니, 이런 병도 있나요? 어릴 땐 많은 이
성을 만나보는 것도 괜찮지 않나요?

동엽

아… 어때요?

지연

성관계라는 게 단순히 몸만 섞는다고 해서 좋은 건 아니
잖아요. 감정이 동해야 성관계가 좋아지는 등 시너지 효
과가 나는 건데, 제 생각에는 시간이 지나면 이분의 감정
이 식는 게 아닌가 하는 생각이 들어요. 상대에 대한 감
정이 식으니까 성관계도 예전만큼 좋지 않은 거죠. 이분
이 매력을 느끼는 남자분을 만나면 관계가 좀 더 오래 지
속되지 않을까요? 그동안 정말 잘해주고 하라는 대로 다
하는, 그런 매력 없는 남자분들하고만 연애를 한 건 아닌
가 싶네요. 3개월 만에 질렸다면….

동엽

그렇죠. 사귀자마자 관계하고 석 달이 지나면 질린다는
거죠? 사귀자마자 빨리 관계하는 것을 조금 참아보는 건
어떨까요? 석 달이 지난 다음에 서로 관계를 하도록 노
력하는 것도 괜찮을 것 같아요. 만나는 동안 너무 자주,
초반에 막 불꽃 같은 사랑을 나누면 번아웃되는 경우가
있거든요. 금방 소진되는 거죠. 너무 격렬하게 초반에 모
든 에너지를 쓰는 게 아닌가 싶네요. 그것도 육체적인 쪽
으로만….

너무 좋은 말씀이신 거 같아요. 지금 남친에게 마음이 있다면 관계를 안 하면서 조금 시간을 보내다 보면 성욕이 쌓일 수도 있잖아요. 그럴 때 관계를 한다든가 하는 식의 해결책을 찾아보면 어떨까 하는 생각이 듭니다.

동엽

힘들 수도 있지만 만날 때마다 관계하는 건 지양했으면 좋겠어요. 너무너무 같이 있고 싶지만 그냥 헤어져보기도 하고…. 그런 만남을 가지면 조금 나아지지 않을까 싶어요. 그리고 자신이 쓰레기처럼 느껴진다고 이야기했는데, 절대 그런 건 아니에요.

지연

그렇죠. 병도 아닙니다.

동엽

너무 그렇게 부정적으로 생각하지 마시고 아까 말씀드린 것처럼 조금씩 패턴을 바꾸면서 만나보시기 바랍니다.

스물네 번째 사연

남자 친구랑 만 6년째 만나고 있어요. 아무리 바빠도 일주일에 최소 한 번은 만나는데, 그때마다 하는 게 똑같아요. 밥 먹고 카페 갔다가 모텔 가기. 저도 남친이랑 하는 게 싫진 않지만, 마지막엔 모텔에 가서 자는 게 너무 당연한 순서가 되니까 '얘가 나랑 자려고 만나나?' 싶은 거예요.

그래서 남친한테 당분간은 모텔에 가지 말고 새로운 걸 해보자고 얘길 해봤는데요. "야! 귀찮아! 코로나 때문에 위험한데, 뭐하러 밖에 나돌아다녀?"라고 말하더라고요. 남친 말대로 코로나 때문이라면, 불특정 다수가 다니는 모텔이 더 위험할 것 같은데…. 그냥 핑계 같아요.

생각해보면, 남친이랑 제대로 된 데이트를 해본 적이 없어요. 그래서 남친이 진짜 저랑 자려고 사귀는 것만 같아요. 원래 장기간 연애하면 이렇게 되는 건가요? 이런 관계를 계속 유지해도 될까요? 두 분 생각은 어떠세요?

동엽

야, 이건 진짜 아니다. 이거는 진짜 아니에요. 만 6년째 만나고 있다면, 6년 꽉 채운 거잖아요. 그런데 일주일에 최소 한 번 만나는데 그때마다 하는 게 똑같다고요? 밥 먹고 카페 갔다가 모텔. 어우, 이거는 너무 재미없을 거 같고, 지루할 거 같고. 그렇죠?

지연

그리고 남친의 반응도 좀 그렇네요. 뭐하러 밖에 나돌아 다니냐니….

동엽

만날 때마다 이렇게 관계를 갖는 건 사실 바람직하지 않아요. 어떨 때는 잠깐 만났다가 바쁘니까 그냥 헤어지기도 하고, 얼굴 보고 밥만 먹기도 하고, 어떨 때는 1박 2일 여행도 가고. 이렇게 좀 다채로워야 하는데… 너무 단순하잖아요. 단조롭고.

지연

정말 남자분들 중에는 관계만 하려는 분이 있나요?

동엽

그럼요.

지연

아, 그렇군요. 뭔가 변화가 필요한 시기가 아닌가 싶네요. 6년보다 더 시간이 길어지면 인생의 대부분을 썼다고도 할 수 있고, 결혼도 생각해봐야 할 텐데, 그러기 전에 진지하게 생각해서 바꿀 필요가 있다고 봐요. 정말로 사랑한다면 여친이 이렇게 말하는데 바꾸려고 노력해야죠.

동엽

그렇죠. 만약에 6년 동안 남친을 안 만났으면 다른 남자를 만났을 수도 있고, 상처를 받을 수도 있고, 상처를 줄 수도 있고, 미안한 마음을 가질 수도 있고, 한동안 연애 공백기를 가질 수도 있잖아요. 이런 다양한 경험은 인생의 자양분이 되거든요. 물론 한 사람만 만나는 거, 나쁘지 않죠. 그런 관계에서도 많은 것을 느낄 수 있는데, 그냥 밥 먹고 카페 갔다가 모텔, 밥 먹고 카페 갔다가 모텔 이걸 6년째 반복하고 있는 거는….

지연

존중받는 느낌이 들지 않을 거 같아요.

동엽

전혀 없죠.

지연

한번 진지하게 고민해야 되는 게 맞는 거 같아요. 남친의
사랑도 한번 의심해봐야 할 거 같고, 이 만남을 지속해야
될지 생각해봐야 할 거 같아요.

동엽

그분이 진짜 자신을 사랑하는 건 맞지만, 다른 일을 하고
싶어하지 않는다면 본인하고 잘 안 맞는 거예요. 이 패턴
에서 벗어나고 싶지 않다고 남친이 생각하고 있다면 한
번 깊이 생각해봐야 할 것 같아요. 과감한 결단이 필요한
시점이네요.

스물다섯 번째 사연

얼마 전, 회사 부서 사람들끼리 술자리를 가졌어요. 그 자리엔 제 전남친도 있었습니다. 사내 커플이었거든요. 1년도 못 가서 헤어졌지만! 분위기가 껄끄러우면 다른 팀원들이 불편해할 테니까 일단은 친한 오빠, 동생으로 남기로 했어요. 그런데 술자리가 끝나고 우연히 저랑 전남친 둘만 남게 된 거예요. 밤도 늦었겠다, 술김이겠다 저도 모르게 "내일 일찍 출근하지? 우리 집에서 자고 갈래?"라고 말해버렸어요.

변명을 좀 하자면, 제 자취방이 회사랑 정말 가깝거든요. 전남친은 별말 없이 그러겠다고 하더라고요. 그래서 같이 집에 왔는데 제가 씻고 나오니까, 전남친이 어느새 잠들어 있더라고요. 그래도 한때 사귄 사이인데 왜 이렇게 긴장감이 없지? 라는 생각에 무작정 올라타버렸습니다. 그리고 그날 밤, 저흰 정말 뜨거운 밤을 보냈어요.

다시 사귈 생각은 진짜 없거든요. 근데 그날 이후로 '엔조이'로는 정말 좋겠다는 생각이 드는 거예요. 그래서 한번 얘기해보려고요. 연애는 그냥 좋아한다고 고백하면 되잖아요? 근데 '엔조이'는 어떻게 말해야 하는 거죠? 전남친도 군말 없이 따라온 걸 보면, 그럴 마음이 있는 거 아닐까요?

동엽

어…, 아주 쿨하게 지금 사귄다기보다는 가끔씩 만나서 즐기고 싶다. 뭐 전혀 걱정할 필요가 없을 거 같은데요?

지연

음, 딱히 싫어할 거 같지는 않다?

동엽

뭐 술을 많이 먹어서 잠깐 잠들 수는 있지만, 둘이 뜨거운 밤을 보냈다고 했잖아요. 그냥 이대로 불규칙하게, 자주자주 연락할 필요도 없고요. 그렇죠?

지연

원할 때마다?

동엽

그렇죠.

지연

"우리 집에서 자고 갈래?" 한마디 던져보고 그럴 때 오면 그런가 보다, 관계하고. 그런 식으로 관계하면 될 거 같네요. 엔조이다. 사귄다. 이런 정의를 내릴 필요 없이.

동엽

사내커플이었다가 헤어지면 둘 중 한 사람이 껄끄러워
서 부서를 옮기거나 회사를 그만두는 경우도 있잖아요.
그런데 그런 거 없이 부서 회식에 참석하고, 다른 사람들
은 자연스럽게 받아들이고…. 보통 내공이 아닌데요?

지연

둘 다 쿨한 성격일 거 같아요.

동엽

그렇죠? 대외적으로 연애 기사가 나지 않았는데, 저는
개인적으로 사귄 것을 알고 있는 커플들이 있거든요. 그
런 커플들과 같은 프로그램에 출연하면 정말 웃긴 게 어
떤 친구는 너무 불편한데 불편한 티를 안 내려고 노력하
지만 얼굴에 불편한 기색이 다 드러나요. 모르는 사람은
잘 못 느끼겠지만, 저는 다 느껴지죠. 어떤 커플은 진
짜 천연덕스럽게 스스럼없이 장난치고 깔깔 웃다가 프
로그램이 끝나면 완전히 싸한 얼굴이고. '야, 이래서 프
로구나. 진짜 대단하다' 감탄하죠.

지연

하하하.

동엽

시상식장의 큰 원형 테이블 있잖아요. 거기에 누가 앉을지 미리 다 정해놓는데, 한번은 제작진이 난리가 난 거예요. 알고 보니, 사람들은 잘 모르지만 잠깐 만났다가 헤어진 커플을 같은 테이블에 앉혀놨다는 둥, 바로 뒤 테이블에 자리가 잡혀 너무 가까이 있다는 둥 갑자기 자리를 바꾸고 난리도 아니었죠. 아무튼 같은 공간이나 같은 직종에 종사하면서 사귀었다가 헤어지면 불편하기 마련인데, 이분은 쿨하게 헤어지고 편하게 지내고 회식도 같이 하고 그러다가 다시 편하게 자기 집에서 같이 자고 내일 아침에 출근해라 했더니, 전남친도 흔쾌히 응하고…. 걱정할 일은 없을 거 같은데요.

지연

부담 없이 연락해서 만나다가 잠자리했을 때 그냥 나는 이런 식으로 한 번씩 봤으면 좋겠어, 라고 얘기해보면 전남친도 알아듣지 않을까요?

동엽

그렇죠.

스물여섯 번째 사연

성인이 된 이후에 계속 일기를 써왔는데, 남자 친구가 제 자취방에 놀러 왔다가 일기장을 보게 됐어요! 안 봤으면 했지만, 괜히 보지 말라고 하면 더 오버할까 봐 그냥 내버려뒀어요. 그런데 갑자기 남친이 집에 가겠다는 거예요. 그래서 왜 그러냐고 잡았더니, 저한테 이러더라고요.

"너 변태 같아. 진짜 소름 끼쳐!"

무슨 일인가 싶어서 남친이 펴놓은 일기를 봤는데, 제가 남친이랑 관계했던 날이더라고요. 그날 일기에, 남친이랑 어떻게 했고, 어디를 애무했고, 뭐가 좋았고, 이렇게 구체적으로 쓰긴 했거든요. 어차피 일기고, 아무도 안 보는데 뭐 어떠냐 싶어서요. 하지만 남친은 이렇게 기록으로 남기는 건 싫다며 헤어지자고 하고는 집으로 가버렸습니다.

이게 그렇게 화나고 기분이 나쁠 일이라고는 생각도 못 했어요. 남친 말대로 제가 변태인 건가요? 이렇게 허무하게

헤어져야 하는 건지…. 어떻게 설명해야 남친이 저를 이해

할 수 있을까요?

동엽

20대 중반, 충분히 이해할 수 있는 이야기예요. 일단 남의 일기는 보면 안 돼요. 아니, 남의 일기를 왜 보려고 해요? 난 진짜 이것만큼은 이해 못 하겠어요. 만약에 봤는데 이런 내용이 있다고 하면, 사실 이건 아주 고급 정보거든요.

지연

하하하하하.

동엽

이건 진짜 고급 정보예요. 본인 입으로 물어보기도 그렇고, 대충 뭐 이렇겠지 생각했던 구체적인 자료를 다 나와 있는 거잖아요.

지연

그러네요.

동엽

그 자료를 바탕으로 내가 나아갈 방향을 좀 더 잘 설정할 수 있고…. 그냥 그 길을 뚜벅뚜벅 걸어가면 될 텐데, 안타깝네요

지연

다음 일기를 기다리면서….

동엽

그리고 뭐 그다음부터 함께 읽고, 다음에 왔을 때 일기를 보고 점점 진화하는 모습을 보면서 뿌듯해할 수도 있고, 반성할 건 반성하고. 우리 인간이 다 그렇게 살아가는 거잖아요. 아주 좋은 기회를 놓친 거예요. 저는 뭐 변태라고 생각하지 않습니다. 아무도 안 본다는 전제하에 일기를 쓰는 건데, 그 일기장 안에 누구 욕을 할 수도 있고, 나만의 비밀을 적어놓을 수도 있는 거죠. 그거는 문제가 안 돼요.

지연

설사 변태 같은 말을 써놨다 한들 일기장인데 나 혼자 변태 같은 상상을 했다고 해서 이런 말을 들을 건 아니라고 생각해요.

동엽

그럼요.

기분이 나빴다. 거기까지는 뭐 그럴 수 있다고 생각되는데, 헤어지자고 했다고요, 이걸로?

동엽

하나 의심되는 건, 사연에는 없지만 남친이 봤을 때 굉장히 수치스러운 이야기가 적혀 있었던 건 아닌가, 남친의 트라우마를 건드릴 만한 이야기가 있었던 건 아닌가 싶네요. 위한답시고 썼지만, 난 크기가 중요하지 않다든지, 그래도 난 남친을 사랑한다 등등….

지연

오빠가 오래하진 못했지만, 만족스러웠다?

동엽

우리 오빠는 쾌걸 조로인가? 뭐 이런 거. 너무 옛날 사람 티가 나나요. 제가 어렸을 때 좋아했던 만화 캐릭터인데….

지연

혹시 남친이 상처 받을 만한 부분이 없었는지 살펴보고, 있다면 남친에게 사과하거나 잘 설명하는 것도 도움이 될 거 같아요.

동엽

상황이 뭐 어느 정도 정리됐는데 남친이 또 일기를 볼 거 같다, 또 상처 받을 거 같다 싶으면 진짜 일기랑 남친이 보는 일기를 따로 쓰는 것도 생각해보세요. 하루에 일기를 두 번 쓰는 거죠. 이중일기. 남친이 진짜 기분 좋아할 만한, 우쭈쭈할 내용의 일기를 쓰는 거예요. 중요한 건 사연을 보낸 분은 변태가 아니라는 겁니다.

스물일곱 번째 사연

　　일주일 전에 남자 친구랑 첫 관계를 했어요. 남친이 먼저 분위기 좋은 호텔도 예약하고, 관계를 갖는 내내 저를 다정하게 배려해주는 느낌도 들고, 정말 남친 잘 만난 것 같아서 내심 뿌듯했어요. 그런데 남친이 점점 흥분하는 모습을 보면서 정이 떨어져버렸어요.

　　뭐, 관계할 때 더러운 얘기하는 건 괜찮은데요. 자꾸 저한테 제 성기의 소유권이 누구에게 있냐고 묻는 거예요. "하아, 네 성기 누구 거야? 어? 누구 건데?" 이렇게요. 더 싫었던 건, 제가 "오빠 거야"라는 말을 할 때까지 그 질문을 계속 하더라고요.

　　처음 그 말을 듣는 순간, 진짜 집에 가고 싶었어요. 인터넷에서 비슷한 글들을 봤을 때, 저 토할 것 같았거든요. 근데 제가 실제로 그런 말을 들을 줄은 몰랐어요. 다음에도 그런 소리를 하면 어떡하죠? 그날 그냥 내 성기는 내 거라고 대답

165

했어야 했을까요? "내 성기는 내 거다!"라고 대답하는 방법,

어떤 거 같으세요?

동엽

아하하하하. 내 성기는 내 거라고!

지연

내 거야. 내 거! 오빠 성기가 오빠 거야!

동엽

이거 어떻게 해야 하죠? 또 그렇게 얘기하면?

지연

그날 성관계는 끝나는 거죠.

동엽

본인 성기는 당연히 본인의 소유인데, 지금 상황을 보면 소유권 이전을 해야 될 거 같네요. "이 성기 누구 거야? 누구 건데?" 자꾸만 이러면 대충 분위기를 알 수 있잖아요. 그러니가 "이 성기…" 이런 말이 나오자마자 "오빠 거야. 오빠 거라고. 몇 번을 말해. 오빠 거라고. 그만해라. 오빠 거라고 했다." 이렇게 말하면 머쓱해서 그만하지 않을까요?

지연

남친은 이런 얘기를 하면서 성적 흥분을 느끼니까 그렇

게 말하는 거잖아요. 만약에 정말 싫은 게 아니면 감당할 수 있을 정도로 약간 맞춰주는게 어떨까요? 아마 그러면 남친의 애정이 더 깊어질 거예요. 물론 도저히 못 참겠다, 혐오스럽다고 느낀다면 솔직히 말해야죠.

동엽

그렇죠. 그게 건강하게 오래 만날 수 있는 방법이니까요. 그냥 귀엽게 "오빠 거야"라고 얘기해주든가, 아니면 먼저 "그러면 오빠 건 누구 건데?"라고 한번 물어보는 것도 좋지 않을까요?

지연

더 좋아할 수도 있을 거 같아요. '아, 얘도 이걸 좋아하는구나' 생각하면서….

동엽

아, 그런가요.

지연

아니면 그냥 나중에 성관계하지 않을 때, 되게 멀쩡하고 광장히 이성적일 때, "사실은 나 그런 얘기를 들으면 흥분이 좀 떨어져, 오빠" 이렇게 담담하게 얘기해보는 것

도 괜찮을 거 같아요. 흥분이 떨어진다면은 남친도 다시
생각해보지 않을까요.

동엽

아니면 "이건 오빠 거니까 더 이상 물어보지 않았으면
좋겠어. 몇 번을 얘기해. 더 이상 바보같이 물어보지 않
았으면 좋겠어"라고 해도 되고요.

지연

서류를 써서….

동엽

마지막 문장이 와 닿았어요. 그냥 내 성기는 내 거라고
대답했어야 했을까요? 하하.

지연

사실 제 친구에게 이런 얘기를 들은 적이 있어요. 친구의
남친도 자꾸 이렇게 소유권을 주장하는데, 이 주장이 말
에 그치지 않고 어떤 짓을 했냐면 펜으로 가슴이랑 외음
부에 자기 이름을 썼대요.

동엽

악… 최악이다. 최악.

지연

그래서 그 친구가 이걸 어떻게 해야 하나 고민하다가 당시에는 서로 흥분해 있으니까 갑자기 "하지 마" 이러면 남친이 너무 싫어할 거 같아서 참았는데, 다음에도 또 쓰려고 하더래요.

동엽

그럼 뭐 이렇게 하는 거죠. "나도 똑같이 쓸게. 어? 내이름을 다 쓸 수도 없잖아, 여기에는." 하하하하, 죄송합니다.

지연

하하하하하.

동엽

암튼 여러 가지 말씀드린 거 참고하시길 바랍니다.

지연

네. 선을 딱 정해서 말해주고, 오빠 거라고 말해주세요.

스물여덟 번째 사연

 남자 친구랑 동거를 시작하면서 동거하기 전보다 더 자주 관계를 하게 됐어요. 그런데 얼마 전부터 소변이 자주 마렵고, 잔뇨감이 느껴져서 인터넷을 찾아봤더니 방광염인 것 같더라고요. 성관계 후 방광염을 앓게 되는 경우가 있다는데, 제가 그런 것 같아요!

관계 전후로 샤워도 꼬박꼬박했는데, 그래도 방광염이 생길 수 있는 건가요? 일단 산부인과에 가서 진료를 보려고 하는데, 혹시 방광염을 치료 받는 중에 관계를 해도 괜찮은지 알고 싶어요. 그리고 치료를 다 하고 관계를 했는데 또 재발하면 어떡하죠? 관계는 남친이랑 둘이 했는데, 왜 혼자 아픈 건지 짜증 나기도 하네요.

동엽

이건 뭐… 산부인과 전문의 의사 언니가 계시니까 아주
자세하게 말씀해주실 수 있겠네요. 그런데 궁금하니까
인터넷을 찾아볼 수는 있는데, 인터넷만 보고 본인 스스
로 처방을 내려서 이런저런 치료를 하는 경우가 있어요.
너무 걱정돼서 말씀드리는데, 인터넷을 찾아보는 건 괜
찮지만, 인터넷도 안 보고 곧바로 병원에 가는 게 가장
좋습니다. 일단은 산부인과에 가는 게 무조건 정답인 거
같네요.

지연

정답! 저희한테 사연을 보내주셨으니까 말씀드릴게요.
성관계 이후 방광염에 잘 걸리는 경우가 있어요. 밀월성
방광염이라고 해서, 신혼여행을 갔다 오면 방광염에 걸
리는 경우가 많았거든요. 예전에는 신혼여행을 가서 첫
관계를 하는 경우가 많았잖아요. 어쨌든, 방광염의 가장
큰 원인은 대장균이에요. 항문에 대장균이 있잖아요. 이
대장균이 항문에서 요도로 넘어가서 방광염에 걸리는
거예요. 관계를 하다 보면, 신체 부위로 항문을 건드렸다
가 요도를 건드릴 수 있지요. 그래서 방광염에 걸리게 되
는 거예요.

동엽

아….

지연

그래서 관계 전후에는 여자분만 씻을 게 아니라 남자분
도 항문 주변을 잘 닦는 게 중요해요. 남자의 항문에 있
는 대장균도 넘어갈 수 있기 때문에 둘 다 항문 쪽을 잘
닦으시는 게 방광염을 1차적으로 예방하는 데 도움이 돼
요. 또 피곤하거나 잠을 못 자거나 물을 적게 마시면 걸
릴 수 있으니 물을 많이 마시고 관계하고 나서는 꼭 소변
을 보세요. 소변을 볼 때는 방광을 깨끗하게 비우는 게
중요해요. 다 보고 나서 힘을 한 번 더 줘요. 그러면 조금
남아 있던 소변이 다 나오거든요. 그렇게 방광을 비우는
습관을 들이면 방광염을 예방하는데 도움이 돼요. 그리
고 방광염은 재발한다기보다는 재감염되는 거예요. 성
관계할 때 항문 쪽에 있는 대장균이 넘어가서 걸리는 거
니, 조금만 조심하면 예방하실 수 있습니다.

175

동엽

방광염 치료 중에 관계를 해도 괜찮은가요?

지연

크게 상관없어요. 어차피 우리가 요도로 관계하지는 않

기 때문에 그냥 관계하시는 건 괜찮아요. 방광염에 걸리면 항생제를 먹거든요. 그러면 증상이 하루 만에 없어져요. 그냥 관계하셔도 상관없습니다. 그리고 남자는 요도가 길기 때문에 방광염에 잘 안 걸려요. 여자는 요도가 짧아 바로 방광으로 들어가기 때문에 걸리는 거예요.

동엽

아주 깔끔하게 정리해주셨네요. 너무 크게 걱정할 필요는 없는 것 같네요.

지연

여성의 90% 이상이 살면서 한 번은 걸려요. 너무 걱정마시고 병원에서 잘 치료 받으시기 바랍니다.

스물아홉 번째 사연

저는 남들보다 좀 늦은 나이에 첫 경험을 했어요. 그래서 그런지 친구들과 19 얘기를 할 때도 편하지 않고, 조금 창피하게 느껴져요. 다행히 지금 남자 친구는 관계를 할 때마다 "어디 애무하는 게 좋아? 자세는?" 이렇게 하나하나 물어봐주고, 잘 리드도 해줘요.

그런데 한 가지 고민이 있어요. 남친이 관계를 맺을 때, 저의 중요 부위를 입으로 애무하려고 해요. 그럴 때마다 저는 화들짝 놀라서 남친의 얼굴을 손으로 막습니다. 아직 그곳을 애무하는 것은 미안한 느낌이 들거든요. 그리고 남친이 그곳을 애무해준다는 건, 본인도 받고 싶어서 그런 게 아닐까 하는 생각이 계속 들어요. 저는 그것도 아직은 부담스러워서 거부하고 있어요. 그럴 때마다 남자 친구는 되게 아쉬워합니다. 다들 잘 즐기는데, 저만 이런 생각을 하는 걸까요?

동엽

음… 야….

지연

어려운 얘기인 거 같아요.

동엽

이게 만약에 방송이 아니라 사석에서, 만약에 의사 언니 동생이 이런 고민을 하고 있으면 진짜 해줄 얘기 많죠.

지연

그렇죠. 정말 많지요. 그런데 방송이다 보니….

동엽

어디까지 어떻게 얘기해야 될지 모르겠네요. 그런데 사람마다 자기 취향이라는 게 있고, 생각하는 게 다 조금씩 다른 법이죠.

지연

맞아요.

동엽

이게 되게 잘못됐다거나, 진부하다거나, 고루하다거나

178

그런 건 아니에요.

지연

이거는 철저하게 개인 취향에 달려 있는 문제라고 생각해요. 음식도 편식하잖아요. 오이 안 먹는 친구한테 계속 오이 먹으라고 강요할 수 없는 거랑 비슷해요. 내가 싫으면 안 하는 게 맞고, 만약에 점점 관계를 하다가 이런 욕구가 생기면 그때 시작하면 될 거 같아요.

동엽

사람마다 썩 내키지 않는 뭔가가 있거든요.

지연

그렇죠.

동엽

남녀관계뿐만 아니라 일상생활을 하면서도 나는 저게 좀 불편한데, 유쾌하지 않은데, 이런 게 있지요. 저는 뭐 충분히 그럴 수 있다고 생각합니다. 어쨌든 남친이 정성스럽게 잘해주려고 하는 마음, 그 마음은 너무 예쁘네요.

지연

물어봐주고, 리드해주고, 그렇게 서로 맞춰가다 보면 언젠가는 좋아질 수도 있지 않을까 생각해요. 늦은 나이에 경험을 해서 그런 거라고 보기는 어려워요. 첫 관계를 할 때 바로 이렇게 하는 사람도 있고, 20~30년 해도 안 하시는 분들도 있어요.

50~60대 환자분 중 "남편이 그렇게 입으로 하는 걸 좋아하는데 나는 너무 싫다. 지금도 너무 싫다. 그래서 열 번 중 한 번만 허락해준다" 이렇게 얘기하시는 분들이 있거든요. 남편이 자신을 애무하는 게 정말 너무 싫고, 전혀 흥분되지 않는다고 말씀하시는 경우도 있어요.

동엽

제 후배 이야기인데요. 연애를 2년 정도 했대요. 공부를 열심히 하던 친구라서, 공부하다가 만났으니 같이 있을 시간이 많았겠죠. 근데 여친, 그러니까 지금의 아내가 애무해주는 걸 너무 좋아하는 거예요. 자기도 좋으니 30분, 40분, 어떨 땐 50분, 때론 한 시간 가까이 애무를 했대요. 그런데 결혼한 다음에는 그 시간이 조금 줄어서 한 10분 정도 하고 올라왔더니, 손으로 머리를 계속 밀더래요. "변했다. 어떻게 사람이 변하냐. 어떻게 이렇게 줄어들 수 있냐" 이러면서요. 이런 경우도 있어요. 이런 말씀을 드리는 이유는, 혹시 모르는 거예요. 지금은 조금 민망하고 부끄럽게 생각될 수도 있지만, 나중에는 행복할 수 있고, 기대될 수 있고, 아쉬울 수도 있어요. 어쨌든 극

히 자연스러운 감정이니 너무 이상하게 생각하지 않으셔도 될 거 같습니다.

지연
너무 좋은 남친 만나서 연애하고 있는 거 같아요. 부럽습니다.

동엽
그래요. 하하하하. 두분 다 진짜 잘 만난 거 같습니다.

서른 번째 사연

저는 관계 후에 바로 샤워를 하는 편이에요. 관계를 하고 나면 몸이 너무 끈적거려서 바로 씻는 게 좋거든요. 항상 그래 왔고, 그걸로 뭐라고 했던 사람이 없었는데, 지금 남자 친구는 그걸 너무 섭섭해해요.

"나, 씻고 올게"라고 하면 "아이, 조금만 안고 있자! 뭐가 그렇게 급해?"라고 말해요. 그래서 "너무 찝찝해서 그래. 빨리 씻고 올게"라고 하면 "나는 이 여운을 그대로 좀 느끼고 싶은데, 너무 정 없어 보여! 우리 그냥 이대로 안고 자자!"며 투정을 부려요.

저는 이런 얘길 처음 들어봐서, 사실 너무 당황했어요. 그래도 제가 씻으러 가야겠다고 했더니, 남친이 삐지더라고요. "나는 네가 내 흔적을 빨리 다 지우려고 하는 것 같아서 싫다고! 너 그 버릇 안 고치면 나 안 할래" 이렇게까지 얘기해요. 왜 관계 후에 씻어야 하는지 제가 아무리 얘기해도 이해하지 못하는 것 같아요.

엽자님! 의사 언니! 저 대신 애한테 설명 좀 해주세요! 남 친이 무슨 생각을 하는지는 알겠지만, 성병이나 염증 등등의 이유로 관계 전후에는 씻어야 하는 거 아닌가요?

동엽

뭐죠? "너 그 버릇 안 고치면 안 한다." 이거 뭐죠? 사연 주신 분이 20대 후반 여자분이고 남자분이 20대 중반인지 30대 중반인지 동년배인지 모르겠습니다만, 이것은 존중해줄 필요가 있는 문제 아닌가요?

지연

그런데 어쩌면 여자분이 관계가 끝나자마자 바로 냅다 씻으러 가서 그게 섭섭해서 이렇게 얘기하는 게 아닐까요?

동엽

이게 아 다르고 어 다르다고 뉘앙스가 굉장히 중요해요. 너무 기계적으로 바로 그냥 벌떡 일어나서 그러면 조금 서운해할 만하죠. 정확한 시간과 말하는 톤을 설명드릴 수는 없지만, 그냥 조금은 여운을 느끼게 해주고 남친에게 너무너무 행복했다 등등 살짝살짝 이런저런 얘기를 간단하게 해준 뒤….

지연

제가 보기에 이 커플은 극과 극인 거 같아요. 여자분은 바로 씻으러 가고 싶고, 남친분은 "우리 이대로 안고 자자", 아예 안 씻기를 원하고….

동엽

아… 어떡해야 하지? 가급적 씻고 자는 게 좋지 않을까요? 씻는다고 성병이 예방될 거 같지는 않지만, 일단 분비물이 묻으니 시트가 더러워질 테고, 몸에서 냄새가 날 수도 있잖아요. 병에 안 걸리더라도 위생적으로 좋을 건 전혀 없을 거 같거든요. 예를 들어, 여친이 여자 농구 선수예요. 여친이 같이 맨투맨으로 농구 게임을 하고 땀을 흠뻑 흘렸는데, "너무 좋다. 이대로 농구 게임의 여운을 간직한 채 그냥 자자" 이러면 너무 이상하잖아요. 땀을 뻘뻘 흘렸는데….

지연

그렇죠.

동엽

일단 땀을 흘렸으니, 개운하게 씻는 게 좋지요. 의사 언니가 말씀하신 것처럼 너무 극과 극이 만났으니까 조금 서로를 배려하면 좋겠네요. 아니면 옆에 물에 적신 수건을 두었다가 조금 닦는 등 일단 뭔가 살짝 마무리한 상태에서 같이 누워서 이런저런 얘기를 나눠도 되고요.

지연

맞아요. 물티슈 같은 거도 좋지요.

동엽

그렇죠. 그렇죠.

지연

그렇게 약간 여운을 느끼고 나서 씻으러 가는 걸로….

동엽

사실 이건 굉장히 중요한 문제예요. 남녀간의 사랑을 나
눈 후뿐만 아니라 인간 대 인간으로 대화를 나누는 것.
예를 들면 이런 거예요. 제가 신인 때 굉장히 유명한 여
자 탤런트 선생님께 인사를 했어요. '혹시 나를 알까? 몰
라보면 어떻게 하지?' 잔뜩 걱정하면서요. 그런데 "아이
고, 요즘 너무 잘보고 있어요. 신동엽 씨, 파이팅이에요"
라고 방송국 로비에서 말씀해주시는데, 정말 감동을 받
았어요. 너무 감사해서 그분이 가는 모습을 계속 바라봤
는데, 저를 보고는 활짝 웃다가 돌아서자마자 표정이 완
전히 차가워지더라고요. 그게 꼭 저한테 화를 낸 건 아니
었지만 인사를 한 다음에 표정이 싹 바뀌니 마음이 좀 그
렇더라고요.

지연

그렇죠. 여운을 즐기는 게 시너지가 될 수도 있는데, 태도
가 싹 변하면 그 효과가 반감되는 느낌이 날 수도 있어요.

동엽

남친분께 말씀드리고 싶어요. 여운을 간직한 채 안 씻는 건 좀 그래요. 씻되 여운을 좀 즐기다가 나중에 씻는 게 어떨까요?

189

한 달 전부터, 여자 친구가 저에게 '브라질리언 왁싱'을 하자고 졸라요. 왁싱을 하면 뭔가 시원하고 부들부들(?)하고 걸리적거리는 게 없어서 편할 것 같다고 계속 꼬시는 거예요. 그래서 제가 한번 알아봤는데, 그 상황 자체가 너무 수치스러울 것 같아요! 아플 것 같기도 하고…. 또 왁싱한다고 해서 평생 털이 안 나는 게 아니잖아요. 그럼 까슬까슬한 게 더 거슬릴 것 같아서 여친에게 얘기했어요.

"아…, 나는 좀 그런데…. 너무 불편하고, 아플 것 같아! 하고 싶으면 그냥 자기만 하고 와." 그랬더니 여친이 이렇게 말하더라고요. "이 바보야! 내가 나 혼자 좋자고 이러는 줄 알아? 둘 다 왁싱 하면 관계할 때 진짜 좋대! 우리도 해보자."

그 얘기를 들으니, 좀 흔들려요. 왁싱하는 게 아프지 않을까요? 업자님과 의사 언니 두 분은 왁싱해보신 적 있나요? 있다면, 그 아픔이 어느 정도인가요? 왁싱하고 관계하면 좋다는 얘기, 정말인가요?

지연

아파요. 아파요.

동엽

사실 저는 왁싱을 해본 적이 없어서 뭐라고 말씀드릴 수
없네요. 주변에서 들은 이야기도 많을 테니 의사 언니가
말씀해주세요.

지연

저희 병원에서 왁싱을 해요.

동엽

아, 그래요?

지연

실제로 어떤지 느껴봐야 하기 때문에 이거 세팅할 때 한
번 받아봤는데, 정말 아파요. 진짜 아프더라고요.

동엽

왁싱하는 거 자체가 아플 수밖에 없죠. 근데 사실 이런
얘기가 있거든요. 우리나라에선 왁싱이 보편화돼 있지
않지만, 서양에서는 왁싱 안 하는 것을 마치 징기적으로
미용실에 가서 머리카락을 자르지 않는 것과 비슷하게

생각하더라고요. 왁싱을 남자가 면도하는 것처럼, 한 달에 한 번 미용실에 가서 머리를 다듬는 것처럼 당연히 해야 하는 걸로 알고 있더라고요. 왁싱하지 않는 것을 되게 비위생적이라고 말하는 사람도 봤는데, 어떤 게 맞는지 모르겠어요. 아무튼 왁싱하는 건 되게 아프다고 저도 들었어요. 관계를 맺을 때 좋다고 하는 사람도 있고요. 그런데 왁싱할 때 말고 하고 난 후도 생각해봐야 하는 거 아닌가요?

지연

하고 난 후에?

동엽

어… 그 체모가 완충 작용을 해줄 것 같은데, 그게 아예 없으면 너무 살과 살이 맞닿으니까 혹시 아프지 않을까요? 어때요?

지연

제 주변에서 커플이 왁싱했을 때, 관계를 가지면서 아팠다는 피드백은 받아본 적 없어요.

동엽

그런가요?

지연

체모가 쿠션이 될 정도 많지는 않잖아요.

동엽

그렇죠. 그럼 장점에 대해서 들어본 적 있어요?

지연

여친분이 말씀하신 것처럼 느낌이 보들보들하다고 말씀
하시더라고요. 털이 있을 때는 털 때문에 거슬거슬한 느
낌인데, 털이 없어지고 나니 맨 피부가 보들보들해서 느
낌이 되게 좋다. 뭐 이런 얘기요.

동엽

그런데 이게 단순히 면도기로 깎는 게 아니잖아요. 완전
히 뽑아버리는 거죠. 그럼 시간이 좀 지나면 다시 체모가
자라기 시작해 가슬가슬하게 느껴지지 않을까요?

지연

네다섯 시간쯤 지나서 털이 좀 자라났을 때는 짧은 스포
츠머리처럼 털의 길이가 짧으니까 까슬까슬하고 또 인
그루인(?) 헤어라는 게 생기기도 해요. 털이 밖으로 나가
야 하는데, 각질층 안으로 자라서 피부 밑에서 털이 자라
는 거죠. 그래서 염증이 생기기도 하고 간지럽기도 하고

193

불편할 수 있어요.

동엽

병원에서 왁싱을 한다니까 아시겠네요. 왁싱 받는 분들
은 정기적으로 얼마만에 오시나요?

지연

털이 자라는 속도라든가 숱이 달라서 제각각이에요. 자
주 오시는 분은 한 달에 한 번, 그렇지 않으면 대개 세 달
에 한 번 정도로 오세요. 인그루인 관리 때문에 한 달 후
에는 무조건 와서 피부 스켈링을 받고요.

동엽

받은 분들은 장점이 많다고 많이들 말씀하잖아요. 의사 언
니 말씀을 들어보니 장점도 있고 단점도 있는 것 같네요.
뭐 사람마다 다를 수 있으니까 나는 어떤 타입인가 한번
시도해보고 판단하는 것도 나쁘지 않을 거 같습니다.

지연

저도 한 번 정도는 해보는 게 좋을 것 같아요. 아니 뭐 이
런 신세계가! 이런 느낌을 받을 수도 있거든요.

그렇죠, 그렇죠.

여친 말 듣기를 너무 잘했는데, 이럴 수도 있으니 한 번 정도는 해보는 것도 괜찮을 것 같아요. 아, 그 얘기도 하고 싶어요. 가끔 여자분들이 왁싱하면 질염이 예방된다고 알고 있는 경우가 있는데, 그건 잘못된 정보예요. 왜냐하면 이 털이 방어막 역할을 해주는 건데, 얘가 없어지면 오히려 균이 더 쉽게 들어올 수 있거든요. 왁싱할 때마다 질염에 걸리는 분을 종종 봤어요. 보기에 위생적이고 깔끔한 것 같은 느낌이 드는 것뿐이지, 질염을 예방하는 효과는 없어요.

195

콧속에 콧털이 있고 코딱지가 있는 것은 사실 바깥에서 콧속으로 들어오는 먼지를 막아주는 역할을 하는 거잖아요. 그런 것처럼 체모는 오히려 외부의 감염원을 방어하는 역할을 하는데 그게 없으면 질염에 더 잘 걸릴 수 있다는 거군요. 뭐 어쨌든 이런저런 면을 참고해서 한 번쯤 경험해보는 것도 나쁘지 않을 거 같습니다.

서른두 번째 사연

저는 10월에 결혼하는 예비 신부입니다. 예비 신랑은 대학교 1학년 때 만나 10년 이상 연애했어요. 중간에 몇 번 헤어진 적이 있지만, 어찌어찌 서로에게 다시 돌아오게 되더라고요. 그런데 결혼 준비로 바쁜 요즘, 자꾸 이상한 생각이 듭니다. 그게 어떤 생각이냐면… 이제 다른 사람과는 절대로 해볼 수 없을 거라는 게 아쉬워요. 약간 억울하기도 해요. 저희는 일주일에 한 번 정도 관계를 하는데, 다른 사람과의 경험이 없으니까 이 속궁합이 맞는 건지, 기분이 좋다는 게 이런 건지 잘 모르겠어요.

예비 신랑은 저를 사귀기 전에 다른 여자를 만난 적 있거든요! 저랑 잠깐 헤어졌을 때도 딴 여자랑 썸 타기도 했어요. 그래서 왠지 저 말고도 경험이 있을 것 같은 느낌이 들어요. 제가 이런 생각을 하는 게 너무한 건지, 아니면 자연스러운 건지 솔직하게 말씀해주세요!

동엽

결혼을 앞두고 이런 생각, 다들 한 번쯤은 해보실걸요. 그래서 요즘엔 '브라이덜 샤워(처녀 파티)'도 많이 하잖아요. 자연스러운 생각입니다. 충분히 그런 생각하실 수 있어요. '억울해' 하며 행동으로 옮기는 거는 좀 그렇지만 생각하는 거는 충분히 그럴 수 있는 거 아닌가요?

지연

너무나 자연스럽고 당연한 거죠.

동엽

여자분들끼리 만났을 때 이런 경우 비슷한 얘기를 하지 않나요.

지연

맞아요. 하죠. 실제로 이렇게 남편하고만 연애하다가 결혼한 친구가 있는데, 결혼한 지 6년차 되었을 때쯤 저한테 그러더라고요. 억울하다고. 이 좋은 걸 모르고 왜 그렇게 날 아꼈을까, 하면서요.

동엽

사실 다른 사람을 만났다고 해서 반드시 지금 만나는 사람보다 훨씬 나을 거라고는 얘기할 수 없어요. 오히려 지

금 내 옆에 있는 이 사람이 최고구나, 라고 생각할 수 있
지요.

지연

이게 어찌 보면 모르는 게 약이라고, 그냥 지금 남친이
속궁합이 가장 잘 맞고, 최고라고 생각하시는 게 정답일
거 같아요.

동엽

다른 사람을 만나서 반드시 더 좋을 거라는 법은 없어
요. 그리고 이 속궁합이라는 게 사실 처음부터 강렬하게
다가오는 경우도 있지만, 서로 취향을 알게 되고 그걸 존
중하면서 맞추다 보면 완벽한 궁합이 되는 경우가 많거
든요.

지연

그렇죠. 그리고 꼭 여러 명이랑 해야 억울하지 않은 건
아니에요. 솔직히 제 주변에는 열 명, 스무 명 만났는데
단 한 번도 만족스럽지 않았다는 친구도 있어요. 한 명
만났는데 그 사람이 잘 맞았기 때문에 '이게 속궁합이
맞는 건가, 좋은 건가' 이런 생각이 드는 거예요. 만약에
반족스럽지 않았으면 '싫어. 속궁합이 안맞는 거 같아'
이런 생각이 들 거예요.

동엽

진짜 정말 괜찮은 백반집이 있어요. 그날그날 반찬도 좀
달리 나오고 입맛에도 맞는 것 같아서 계속 그 식당에 갔
는데, 정말 맛있지만 다른 식당은 어떨까 싶어 가보고 싶
은 거죠. 하지만 그렇게 입맛에 딱 맞는 맛있는 식당을
발견하는 건 쉽지 않습니다. 먹는 것에 비유하는 게 죄송
하긴 합니다만.

지연

억울하다고 생각하지 말고 '나는 한방에 잘 만났다' '진
짜 운이 좋다' 이렇게 생각하세요.

동엽

그렇죠. 아무튼 너무 축하드릴 일입니다.

200

서른세 번째 사연

제 여자 친구는 키스하는 걸 좋아해요. 붙어 있으면 정말 하루 종일 키스만 하려고 해요. 키스하는 거, 저도 물론 좋아요. 그런데 제가 힘든 건, 여친이 키스는 좋아하는데 관계하는 건 별로 안 좋아한다는 거예요. 근데 저는 키스만 해도 너무 흥분되거든요. 그래서 늘 이런 싸움이 벌어집니다.

"아, 하지 마!"

"왜? 나랑 키스하기 싫어?"

"흥분되니까 그러지…. 너 안 할 거잖아!"

"난 키스만 해도 좋던데, 꼭 관계해야 되나?"

"너는 가만히 있어! 내가 다 할게!"

"아, 싫어!"

"나도 힘들어! 그럼 키스하지 마."

딱! 키스까지만 좋다는 여친을 어떻게 해야 할까요? 여친이 제가 흥분하는 걸 알고 일부러 괴롭히는 건 아닐까요?

동엽

사실… 남자보다 여자들이 키스를 더 중요하게 생각하는 측면이 있죠. 여친은 키스만 해도 만족하는 거 같은데, 남자분은 아닌 거죠. 어떻게 해야 할까요?

지연

사실 여자들은 키스를 좋아하는 거 같아요. 좀 더 사랑받는 느낌이라든가, 뭔가 관계가 좋다… 그런 사인으로 키스하는 경우가 많은 거 같아요.

동엽

저도 키스가 굉장히 중요하다고 생각합니다. 그런데 관계를 한 번도 안 한 건 아닐 텐데….

지연

여친은 키스만 하고 싶은데, 남친은 키스할 때마다 관계를 하고 싶어지니까 그때마다 너무 힘든 거죠.

동엽

어렵네. 너무 어렵네요.

지연

그러니깐요. 여친이 하루 종일 키스를 하면 남친은 하루

종일 고문 당하는 거잖아요.

동엽

예전에 유세윤 씨가 그런 얘기를 한 적 있어요. 누가 억
지로 키스를 하려고 할 때 안 할 수 있는 방법이 있대요.
입을 아… 하고 크게 벌리고 있으면 상대방이 아무리
하고 싶어도 할 수 없다고….

지연

하하하하하. 정답이네요. 키스할 맛이 안 날 거 같아요.
키스하고 싶은 의욕이 뚝 떨어지겠는데요. 되게 좋은 방
법이다. 저, 강추! 입을 아 하고 크게 벌리거나, 아니면
막 혀를 낼름거리거나 해서 키스할 맛이 떨어지게 하는
거죠.

동엽

혀를 낼름거리는 것도 유세윤 씨 영상 찾아보면 있습니
다. 많이 나와 있어요. 근데 여친이니까… 그런데 키스
가 입과 입으로만 하라는 법은 없잖아요. 일단 여친에게
볼이나 목 이런 데 키스를 해달라고 부탁도 해보고….
그러면 더 그런가?

지연

남친이 더 흥분되지 않을까요?

동엽

근데 왜 안 하려고 할까요?

지연

피곤해서 하기 싫다고…. 사연에는 그렇게 쓰여 있는데…. 아니면 남자 같은 경우엔 왜 좀 현타가 오잖아요. 이분들이 얼마나 자주 관계를 하는지 모르겠지만, 관계를 하루 중 이른 아침에 하는 거죠. 만약 하루에 한 번 한다면, 하고 나서 현타가 와서 오후 나절에는 흥분되는 게 떨어지는 게 아닐까요?

동엽

아…. 아니면 20대 중반이니까 사실 좀 어린 편이잖아요. 그래서 진짜 조금 피곤하고 약간 힘들 수도 있지요. 꼭 그런 관계가 아니더라도 다른 방법으로 충분히 해소할 수도 있거든요. 그런 방향으로 생각하면서 이런 건 어떨까, 저런 건 어떨까 서로 대화를 좀 나눠보면 어떨까요? 그러면서 또 가까워지는 경우도 있으니까요. 지금 자세하게 구체적으로 설명드리기는 좀 그렇지만, 어쨌든 여러 가지 방법이 있잖아요. 슬기롭게 잘 내처해보시기 바랍니다. 뭐 어쨌든 일부러 괴롭히려고 그러는 건 아니겠죠.

205

서른네 번째 사연

제 남자 친구는 저보다 한 살 연하예요. 고등학교 때부터 사귀어서 남친 부모님도 절 아시고요, 저희 부모님도 남친을 아세요. 둘 다 대학에 입학한 이후 거의 매일 붙어살다시피 하고 있어요.

어젯밤 남친 어머니한테 갑자기 톡이 왔어요. 단순한 안부 전화겠지 싶어서 톡을 확인했는데 "엄마가 걱정돼서 그러는데… 너 피임은 잘하고 있지?" 이러시는 거예요. 제가 너무 당황해서 답을 못 하고 있는데 다시 톡이 왔어요. "네가 누나니까 콘돔도 알아서 챙기고, 피임약도 꼬박꼬박 챙겨 먹고… 더 조심해야 돼! 잘 알지?"

그 톡을 보는 순간, 부모님께도 들어본 적 없는 피임 이야기를 왜 남친 엄마한테 들어야 하나 싶어 화가 나더라고요. 만약 남친 엄마가 남친한테도 얘기했다면, 물론 그래도 싫지만 조금 이해할 수는 있을 것 같은데, 절대 그럴 일은 없거든요.

이 기분 나쁨을 어떻게 남친한테 전달해야 할지 고민입
니다. 남친은 전혀 상황을 모르는 것 같은데 어떻게 해야
할까요?

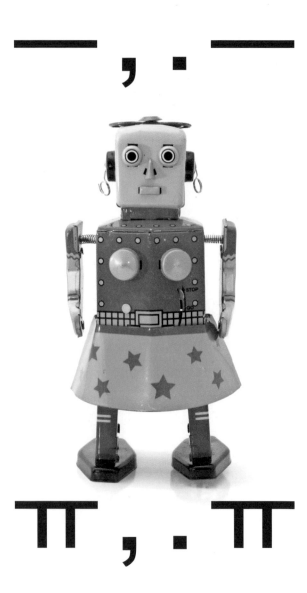

동엽

이거는 약간… 기분이 좀… 썩 유쾌하지만은 않겠죠, 당연히.

지연

저 같아도 기분이 무척 나쁠 거 같아요.

동엽

근데 아… 나는 남친 엄마가 뭘 좀…. 이거는 좀 실례를 범한 게 아닌가 싶기도 하네요. 일단 아들한테 먼저 얘기를 잘 해야죠.

지연

그럼요. 아들한테 해야죠. 그리고 "네가 누나니까" 이 멘트도 좀…. "피임약도 챙겨 먹고" 이것도 좀….

동엽

그렇죠. 이게 사실… 글쎄요. 아니 근데 혹시 남친한테도 얘기했는데, 남친이 부끄럽고 민망해서 그런 얘기를 꺼내지 않는 거 아닐까요? 사실 남자들은 그런 얘기를 잘 안 하거든요. 절대 그럴 일은 없다고 했지만 남친에게 한번 얘기해보세요. 피임에 대해서 엄마나 아빠가 혹시 얘기한 적이 있냐, 그런 거에 대해서 고민을 좀 하면

서 만나야 되는 거 아니냐 하고. 사실 기분 나쁠 수 있지
만 굉장히 중요한 부분이거든요.

지연

그거는 맞아요. 정말 이 엄마의 마음은 굉장히 이해되는
데, 방법이 조금 잘못된 거죠. 맞는 말씀이긴 하지만, 그
래도 아들한테 얘기해야지….

동엽

그렇죠. 일단은 너희 엄마한테 이런 톡을 받았다고 먼저
얘기하지 말고, "우리 엄마가 너 만나는 거 아니까 이런
거 저런 거 조금 조심해야 한다고 말씀하시더라. 너는 그
런 얘기 들은 적 없어? 우리도 이제 성인이니까 그런 거
신중하게 진지하게 생각해봐야 하는 거 아냐?" 이렇게
자연스럽게 얘기를 꺼내보시면 남친이 "사실은 나도 엄
마한테 조심하라는 얘기 들었어" 이렇게 말할 수도 있
거든요. 의외로. 만약에 "어… 그런 거 진짜 없는데….
그런 얘기 못 들어봤는데…" 그러면 그때는 조심스럽게
"너희 엄마가 걱정하시는 마음은 알겠지만, 나한테 문자
하셨어" 하면서 약간 기분 나쁘고 속상한 거를 남친에게
얘기하는 것도 나쁘지 않을 것 같아요. 그냥 혼자서 끙끙
앓고 기분 나쁜 거 숨기고 있을 필요는 없어요.

지연

맞아요. 혼자 가슴앓이 할 필요 없어요. 남친에게 "나 기분 안 좋았다"고 적당히 얘기하면 기분 나쁨을 조금 해소할 수도 있잖아요. "너희 엄마께 기분 나쁘지 않게 이런 건 너랑 얘기했으면 좋겠다고 얘기해줘" 이렇게 말하면 기분이 좀 풀릴 것 같아요.

동엽

근데 만약에 남친 엄마가 남친한테도 다 얘기를 했다. 그러면 기분이 좀 풀릴 거 같다고 했잖아요. 기분이 풀렸다면 남친 엄마한테 답문해야 하나요? 그런 얘기를 어떻게 해야 하죠?

지연

답문···. 우리나라는 동방예의지국이니··· 뭐 "예, 알겠습니다" 이렇게 해야 하지 않을까요. 저라면 그럴 거 같긴 해요. 남친 엄마한테는 "예, 알겠습니다"라고 답하고 남친에게는 기분이 좀 나빴다고 하소연하고 그렇게 끝내지 않을까 싶네요.

동엽

기분 나쁘다고 해서 "어머니는 잘하고 계신가요?" "피임약을 사주시든가요" "어머님은 약 안 드셔도 되겠네

요" 이렇게 받아치는 건 안 됩니다. 좋게 좋게 넘어가야
돼요.

　장자가 이런 말을 했다고 해요. "자기 잣대로 나라를
다스리지 마라."

지연

　그럼 저는 이렇게 바꿀게요. "자기 잣대로 상대를 평가
하지 마라."

남친이랑 관계하는 게, 너무 고통스러워요.
자세하게 설명드리면, 남친이 삽입할 때 아래쪽이 너무 화끈
거리고, 관계가 끝나고 소변을 보면 그땐 더 따갑고 더 화끈
거려서 너무너무 아픕니다. 진짜 소리 지르고 싶을 정도예요.

처음엔 질염인가 해서 인터넷을 찾아보고, 평소 질염으로
고생하는 친구한테도 살짝 물어봤는데, 질염에 걸리면 냉이
많이 나온다고 하더라고요. 그런데 저는 냉은 안 나오거든요.
그냥 좀 간지럽고, 시간 지나면 또 괜찮아져요. 그냥 관계할
때, 정말 미친 듯이 아픈데 이게 혹시 성교통 같은 건가요?

제가 너무 아파 하니까 남친도 미안해하며 잘 하지도 못
해요. 성관계가 이렇게 힘든 건지 몰랐어요! 만약 이게 성교
통이라면 어떻게 치료해야 할까요?

213

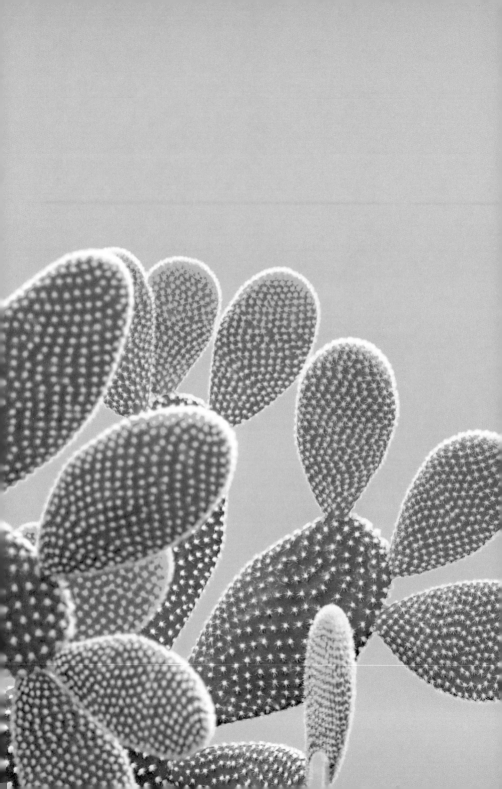

동엽

야… 이런 게 있어요? 성교통이 뭔가요?

지연

네, 성교통. 있죠. 일종의 질환이에요. 이분의 경우도 성교통의 일종이라고 볼 수 있을 것 같네요. 그런데 꼭 치료나 진단을 해야 할 정도의 성교통은 아닌 거 같아요. 왜냐면 삽입할 때 아픈 거잖아요. 그리고 물이 닿을 때 따갑고. 이거는 상처가 난 거예요.

동엽

아….

지연

그 안에 상처가 난 거죠. 상처에 물이 닿으면 아프잖아요. 삽입할 때 상처가 생긴 거예요. 아마도 그 이후에 관계 자체는 할 수 있었을 거예요. 관계 자체를 할 때는 그나마 괜찮은데, 끝나고 씻으면 엄청나게 아픈 거죠. 상처에 물이 닿아서. 그런 점에서 이 경우는 성교통과는 좀 달라요. 성교통은 배가 아프고 질 안쪽이나 신경에 느껴지는 통증이고, 이거는 상처 때문에 아픈 거니까요.

215

동엽

근데 보이지 않으니까 그걸 상처라고 생각하지 않는 거
군요. 남친한테 뭐 연고라도 발라달라고 해야 할까요?

지연

아마 보려고 하면 보일 거예요, 상처가. 질 입구 쪽, 보통
은 입구 아래쪽, 6시 방향, 그쪽에 상처가 많이 생기거든
요. 이런 이유로 병원에 오시는 분이 생각보다 많아요.

동엽

그러면 피부에 난 상처처럼 연고를 바르나요?

지연

맞아요. 연고를 바르면 돼요. 피가 날 정도로 찢어진 게
아니면 병원까지 안 가셔도 되고요. 보면 "아, 찢어졌네"
라고 말할 만큼 딱 보이거든요. 일반적인 상처에 바르는
연고를 바르고 3일 정도 지나면 대부분 회복됩니다.

동엽

아… 그래요. 그걸 상처라고 생각하지 못하고 다 아물
기 전에 계속 관계를 가지면….

맞아요. 이게 하루 정도 지나면 통증이 좀 덜하거든요. 하지만 다 아물지 않은 상태인데, 또 하고 또 하고 그러면 약간 만성으로 상처가 벌어지는 경우가 있어요. 상처가 더 깊어지는 거죠. 그럴 가능성도 있을 거 같아요.

동엽

그래도 좀 걱정된다면 산부인과를 가서….

지연

아픈 날, 아픈 당일 병원에 가서 상태를 확인해보는 게 좋을 거 같네요. 만약에 제가 말씀드린 대로 6시 방향에 생긴 상처가 맞다면, 이 경우는 삽입할 때의 자세나 각도가 좀 잘못되거나, 윤활이 부족해서 찢어지거나 하는 거예요. 그러니 자세를 바꾸거나 윤활제를 쓰시면 도움이 될 거예요.

동엽

아까 말씀하셨듯이 상처 난 데 바르는 연고 있잖아요. 후시딘이나 마데카솔 같은 거를 한번 발라보시고….

지연

네.

217

동엽

의사 언니 말대로 그런 경우가 꽤 있으니까 너무 걱정하
지 마시고 먼저 연고를 발라보시기 바랍니다.

서른 여섯 번째 사연

저희는 아주 오랫동안 연애를 하고 결혼해서 이제 1년이 다 되어가는 신혼부부입니다. 신랑은 모태 솔로였고, 저도 성인 되고 만난 첫 남자 친구가 지금의 신랑이에요! 저와 신랑은 종교적인 이유로 혼후관계를 선택했어요. 제가 먼저 신랑에게 얘기했고, 신랑도 저를 배려해서 그러기로 했습니다. 그래서 저흰 키스도 안 하고 결혼했어요.

사실 연애할 때 신랑이 너무 스킨십이 없어서 진짜 이 사람이 절 사랑하는 게 맞는 건지 고민도 했는데요. 문제는 결혼 생활이에요. 신랑이 하루아침에 스킨십하는 게 어색하다고 하더라고요. 그래서 천천히 시간을 갖고 하기로 했는데, 1년이 다 되어가는 지금까지 키스도, 부부관계도 없습니다. 단 한 번도요. 안 믿으시겠지만 진짜입니다.

그래서 제가 "여봇! 나 이러다 성모마리아 되겠다" 농담처럼 말했는데, 신랑은 무슨 생각을 하는 건지 잘 모르겠어요. 신랑 상황이 이제 막 회사에 입사해서 적응하는 기간이기도 하고, 회사에서 힘든 일들이 많다 보니 그런 거라고 이해는 하려고 하는데, 저도 사랑받고 싶은 여자이다 보니 좀 슬프네요.

제가 먼저 시도해보려고 했지만, 저도 경험이 없어서 어렵기만 해요. 좀 더듬으려고 해도 신랑은 놀라면서 저를 피하고, 그럼 저는 또 상처받고 그래요. 어디 가서 얘기도 못 하는 이런 상황, 어쩌면 좋을까요?

야… 어이고 세상에. 아니, 1년이 다 됐는데 아직까지 키스나 부부관계가 한 번도 없었다고요? 와… 연락처를 다시 보내주시면 더 자세히 알려드릴 텐데 좀 아쉽네요. 뭘 어떻게 해야 합니까? 남편분과 함께 병원에 가보는 게 제일 좋은 방법 아닐까요?

지연

이 사연을 딱 봤을 때 드는 생각은 크게 세 가지예요. 스쳐 지나가는 게, 첫 번째 이 남자분이 동성연애자?

그렇죠. 저도 살짝 그런 생각했어요. 사실….

지연

두 번째는 엄청난 변태? 세 번째는 성불구자? 앞의 두 가지보다는 성불구자에 좀 더 비중이 가네요. 그 이유는 일단 동성연애자라면 결혼할 때까지 숨긴 거잖아요.

그렇죠.

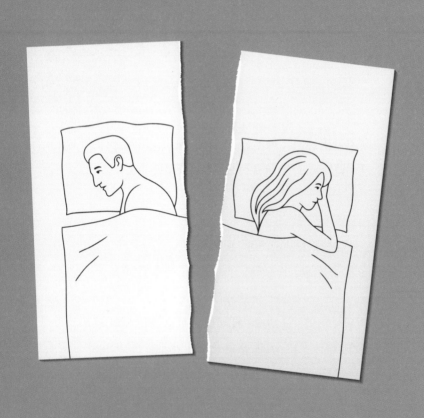

그렇더라도 한두 번은 해요. 속이려고. 키스 정도도 하고 약간의 스킨십도 하거든요.

동엽

심지어 애 낳고 사는 사람도 꽤 있어요.

지연

그리고 엄청난 변태여도 그런 걸 숨기기 위해서 한두 번 정도는 정상적인 관계나 스킨십을 하거든요. 이 경우에 는 키스도 안 했고, 더듬으려면 놀라서 피했다는 것으로 봐선 약간 성불구 쪽이 아닐까 생각됩니다.

동엽

그러니까요. 왜냐면요, 극단적으로 말씀드릴 수밖에 없 는 게 이게 너무 말도 안 되는 경우잖아요. 그렇죠.

지연

이거 심각해요. 이걸 어떡하나.

동엽

아니… 하… 뭐… 종교적인 이유, 충분히 존중합니다 만, 결혼을 약속한 다음에는 서로에 대해 알아가는 게 중요하지 않을까요? 이건 너무… 너무….

지연

2차 성징이 제대로 나타났는지 좀 봐야 하고요. 염색체 이상이나 유전자 문제인 경우도 있을 수 있어요. 그런 문제가 아니라면 발기가 자체가 안 된다거나….

동엽

발기부전 말씀이지요?

지연

그게 정말 옛날에 다쳤거나 혹은 진짜 병이 있어서 안 되는 분이 있거든요. 그런 경우에는 정말 쇠 같은 거, 안에 모형 같은 거를 박아서 버튼을 눌러서 세워 관계하는 분도 있어요. 20대나 30대도. 그런 가능성도 생각해봐야 하지 않을까 싶어요. 아마 남편분도 언젠가는 얘기를 해야지 하고 추이를 지켜보고 있는 거 아닐까요?

동엽

근데 사실 그런 심각한 질환이 있으면 솔직히 말씀하셔야지 그런 상황인데도 얘기 안 하고 결혼했다면 정말 무책임한 거죠. 같은 남자 입장에서 그러면 안 된다고 말씀드리고 싶네요.

일단 병원에 가보세요. 마음의 준비를 하고 남편한테 물어봐야 할 거 같아요.

동엽

그렇죠. 언제까지고 이렇게 그냥 살 수는 없잖아요. 아이를 낳고 안 낳고의 문제가 아니라, 결혼했는데 뽀뽀도 안 하고 심지어 한 번도…. 1년 동안 부부관계도 안 하고 스킨십도 없고, 그러면 정상적인 부부관계라고 할 수 없죠. 의사 언니 말대로 꼭 병원에 가보세요. 그리고 남편분이 어떤 이유로 위축되어 있을 수도 있으니 너무 몰아붙이기보다는 무슨 문제가 있든 함께 헤쳐나가보자고 말씀하시고요.

지연

맞아요.

동엽

전문가한테 가서 말씀을 들어보고 무슨 문제가 있는지, 어떤 방법이 있는지 알아보세요. 시간이 지날수록 더 힘들어질 수 있으니까, 빨리 병원에 가보시기 바랍니다.

서른일곱 번째 사연

저에게는 다섯 살 연상인 30대 초반 여자 친구가 있습니다. 둘 다 20대에 시작한 연애가 벌써 5년 차에 접어들었네요. 그동안 싸움 한 번 없이 서로 배려하며 존중하는 연애를 해왔어요. 그런데 저한테 문제가 좀 있는 것 같아요. 저는 성관계를 하고 싶은 생각이 별로 안 듭니다. 여친이랑 할 때도, 의무적으로 하고 있다는 생각이 들어요. 그래서 여친한테 미안하다고 했더니, "괜찮아! 가끔 하니까 더 흥분되는 것 같아서 좋아"라며 오히려 저를 위로해줬습니다.

제가 성욕이 없는 건 아니에요! 그런데 저는 관계보다 혼자 할 때 만족감이 더 크게 옵니다. 그래서 요즘도 여친 몰래 혼자 해결하곤 해요. 횟수를 줄여 여친과의 관계에 몰입해보려고 했지만, 만족스럽지 않았습니다.

오래 만나서 이런 건지, 아니면 저에게 문제가 있는 건지 궁금해요. 문제를 개선하고 싶어 사연 보내봅니다.

동엽

혼자 할 때 만족감이 더 크다고 하셨는데, 이런 분들이
간혹 있죠? 어떻게 해결해야 할까요? 참고로 이분의 경
우, 커플 성인용품도 사용해봤는데, 크게 다르지 않았다
고 합니다.

지연

일단 이 커플이 처음부터 이러진 않았을 거 같아요. 연애
5년차에 접어들면서 이렇게 되지 않았을까 하는 생각이
들어요. 남자분들은 성관계는 성관계고, 혼자 하는 거는
그거대로 만족을 느낀다고 얘기 들었거든요.

동엽

별개예요, 별개.

지연

그런데 이분은 그것만 좋고, 여친과 하는 거는 만족스럽
지 않아서 문제잖아요.

동엽

그냥 단순히 여친한테 미안하다고만 얘기할 게 아니라
"예전하고 달리 점점 만족스럽지 않은데 우리 어떻게 극
복해볼까?" 이렇게 상의하는 게 맞다고 봐요. 서로 노력

해보고 기존 느낌과는 다른 느낌을 갖기 위해서 다른 방법을 쓴다든가 여친과 상의해서 함께 극복해 나가야 하지 않을까 싶네요.

지연

그렇죠. 그게 첫 번째일 거 같아요. 그리고 성욕이 엄청 쌓일 때까지 기다렸다가 관계하는 것도 도움이 되지 않을까 싶어요. 횟수를 줄였다고 했는데, 그냥 힘들어도 혼자 해결하는 거를 안 하는 거죠. 그냥 계속 안 하면 여친이랑 하는 관계가 좋을 수밖에 없지 않을까요?

동엽

너무 손쉽고 간편하면서 다른 거 신경 쓸 필요 없이….

지연

그렇죠.

동엽

그냥 혼자하는 데 익숙해질 수 있거든요. 그러다 보면 뭐랄까, 자꾸만 밖에 안 나가 버릇하다 보면 나가는 것 자체가 귀찮고 집에서 뒹굴뒹굴하면서 있고만 싶죠. 밖에 나가서 사람도 만나고 운동도 하고 맛있는 식당도 찾아다니고 이럴 필요가 있는데, 안 해 버릇하면 계속 더 하

기 싫어지는 것처럼요. 의사 언니 말대로 혼자 하는 시간
을 현저히 줄여보는 건 어떨까 싶네요. 그리고 일단 여친
과 조금 심도 있게 얘기를 나눠보시기 바랍니다. 그러면
또 방법이 나올 수 있거든요.

지연

관계하는 패턴이나 방법에 문제가 있는 경우도 있으니
충분히 얘기 나눠보시는 게 도움이 될 것 같습니다.

동엽

동거하는 늘 익숙한 집에서 늘 익숙한 패턴대로 둘이 함
께하다 보면 조금 흥미가 떨어질 수 있어요. 여러 가지
다른 방법을 시도해보시기 바랍니다.

저 어제 정말 큰일날 뻔했어요! 남자 친구랑 관계하는데, 당연히 콘돔을 끼고 했거든요. 안심하고 질내사정까지 했는데, 다 끝나고 보니까 콘돔이 없는 거예요. 남친이랑 저랑 너무 놀라서 침대 위며 아래며 다 찾아봤는데 없더라고요. 그래서 혹시나 질 안에 있는 게 아닐까 해서 봤더니, 맞더라고요. 결국 손으로 직접 콘돔을 뺐는데, 정액이 질 안에 다 들어가버렸어요.

다행히 제가 경구피임약을 먹고 있어서, 한시름 놓긴 했는데요. 인터넷에 찾아보니까 이런 경우가 종종 있던데, 콘돔이 질 안에 들어가도 괜찮은 건가요? 대체 왜 빠진 걸까요? 이번엔 너무 당황해서 그냥 손으로 직접 뺐는데, 다음에 또 이러면 병원으로 바로 달려가는 게 좋을까요? 의사 언니, 이런 일로 병원에 오시는 분들 계시죠? 콘돔이 질 안으로 들어가면 몸에 좀 안 좋을 것 같은데…

동엽

너무 다양한 이유가 있겠죠, 콘돔이 빠지는 데는. 다양한
경우가 있을 텐데. 이거 뭐 어떻게 해야 합니까?

지연

사실 이런 이유로 병원에 오시는 분들이 꽤 많아요.

동엽

아, 그래요?

지연

생각보다 많아요. 콘돔이 들어가서 병원에 오시면 되게
쉽게 빼는데, 이분처럼 손으로 그냥 뺄 수 있으면 굳이 병
원에 안 오셔도 돼요. 자기가 못 찾아서 오는 거니까요.

동엽

못 찾아서, 아무리 찾아도 없어서 가는 거겠죠. 그런데
찾을 수 없을 정도로 그렇게 깊숙이 들어가 있는 경우도
있나요?

지연

사실 좀 무서워하세요. 질 안에 깊이 손 넣는 거를. 뭔가
넣어선 안 될 곳에 손을 넣는 느낌이랄까…. 무언가 넣

는 느낌이 확 들어서 그런 것 때문에 무서워하는 분들도
있어요.

동엽

지금 경구피임약을 먹고 있어서 다행이라고 말씀하셨는
데, 콘돔이 안으로 들어갔다고 해서 정액이 반드시 질 안
에 들어가는 건 아닐 수도 있잖아요. 만약에 사정한 이후
에 콘돔에 빠졌다면…?

지연

그래도 임신 가능성이 있어요. 생각보다 꽤 높아요. 그런
데 이분은 경구피임약을 드시고 계셨잖아요. 콘돔보다
경구피임약이 피임 성공률이 훨씬 높거든요. 그래서 임
신 여부는 크게 걱정 안 하셔도 될 것 같네요.

동엽

경구피임약을 먹고 있으면 사실 굳이 콘돔을 사용하지
않아도 되잖아요. 콘돔이 또 빠질까 봐 괜히 더 불안하고
찜찜할 수도 있으니 경구피임약만 드시는 것도 괜찮은
방법이죠.

지연

경구피임약을 제때제때 먹는다면 피임 성공률이 99%예

요. 굉장히 높지요. 콘돔의 피임 성공률은 85%예요. 그렇게까지 높지는 않아요.

동엽

이런 경우가 있기 때문에 100%가 아니군요. 만약에 빠지지 않았다면?

지연

퍼펙트하게 썼을 때는 98%. 99%까지는 아니에요.

동엽

아, 그래요?

지연

가끔씩 불량품이 나와서…. 그런 거 있잖아요. 뭐가 묻어 있다든가, 예상하지 못한 경우의 수가 섞여 있는 거. 피임약이나 자궁 내 삽입장치도 피임 성공률이 99%예요. 100%는 아니지요. 예상하지 못한 경우의 수가 항상 존재하기 때문이에요.

동엽

어쨌든 다행이네요. 경구피임약을 먹고 있다면 정기적으로 계속 복용하시는 게 훨씬 안전한 방법입니다.

거기에 콘돔까지 썼으면, 임신할 확률이 거의 없죠.

뭐 혹시 빠지더라도 너무 당황하지 마시고 그냥 손으로
직접 뺄 수 있다면 굳이 병원에 갈 필요는 없습니다.

하지만 남친이 아니라 원나이트나 믿음이 안 가는 상대
방과 관계한다면 경구피임약을 먹고 있어도 콘돔을 쓰
는 게 당연히 좋아요. 그리고 이런 분들과 관계를 가졌을
때 빠졌다면 병원에서 균 검사를 해보는 걸 추천 드립니
다. 남친이 아니면 혹시 모르는 거니까요.

서른아홉 번째 사연

오랜 연애 끝에 결혼한 6년 차 주부입니다. 연애 초반에는 신랑과 열정적으로 관계를 맺었어요. 그러다 관계가 소홀해질 때쯤 신랑과 결혼했어요. 첫째 아이가 허니문 베이비여서 결혼 후 자연스레 관계를 안 하게 됐습니다. 첫애를 낳고, 나이가 좀 있다 보니 빨리 둘째를 낳고 싶어서 의무적으로 관계를 맺고, 무사히 둘째도 낳았습니다. 문제는 그 이후예요.

"애들 잠들었지? 그럼 우리…."

"아, 근데 나 좀 피곤한데…."

"뭐 맨날 피곤하대. 나 할 수 있을 때 많이 즐기자! 우리 나이도 있는데 서로 표현하면서 살아야지!"

남편의 마음을 모르는 건 아닌데, 두 아이를 출산하면서 변해버린 몸과 답답함, 우울감, 자괴감 이런 것 때문에 신랑과의 관계를 의무적으로만 하게 돼요. 그러다 보니 자연스레 횟수도 많이 줄고, 할 때 행복하지도 않아요. 요즘 신랑은 불만이 많아져서 "바람피우겠다", "별거하자", "이혼하자" 이렇게 안 좋은 얘기만 해요. 아이들을 위해서라도 남편과의 관계를 개선하고 싶은데, 제가 어떻게 해야 할까요?

동엽

야, 이것 참…. 육아로 인해 약간 우울증이 오신 게 아닌가 싶네요. 남편분이 너무 강요하는 느낌도 좀 있고요. 어떻게 하면 좋을까요?

지연

그렇죠. 아이 키우는 게 너무 힘드니까.

동엽

근데 남편분이 굉장히 분위기 있게, 상대를 존중하면서 자연스럽게 분위기를 이끌어주면 자연스럽게 분위기가 형성될 것 같은데, 그냥 욕구를 분출하고픈 마음만 급하게 먹다 보면…. 어떤 프로그램을 진행하면서 아내분들의 얘길 들었는데, 존중받지 못하는 느낌, 자기만 사정하고 끝나는 느낌, 그게 너무 싫다고 하더라고요.

지연

그렇죠. 이렇게 협박하듯 안 좋은 얘기를 하면 더 하기 싫어지지요.

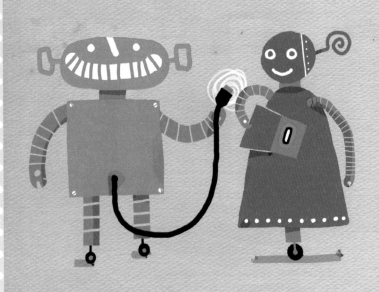

동엽

아니 무슨 바람 피우겠다, 별거하자, 이혼하자, 협박하는
것도 아니고. 이게 무서워서 관계를 갖다 보면 더 자괴감
만 들죠.

지연

남편분이 아내의 마음을 잘 헤아리지 못하는 거 같아요.
지금 몸이 변해버리면서 자신감도 없어지고, 자괴감이
드는 데다, 애들 때문에 몸도 피곤하고, 아내분 상태가
엉망이잖아요. 오히려 남편이 "당신 너무 예뻐" "당신 너
무 아름답다" "오늘따라 너무 섹시해 보여" 이런 식으로
상대의 자존감을 높여주면서 접근하는 게 도움이 되지
않을까 싶어요.

동엽

제가 볼 때는 남편이 표현을 잘 못 하고 또 무심한 측면
이 있어서 그런 마음이 별로 안 드는 거 같네요. 남편의
협박에 못 이겨서 관계를 갖는 거는 바람직하지 않아요.
남편한테 "내가 여러모로 자존감이 떨어진 거 같은데, 당
신이 좀 내 편이 되어줘. 내 자존감을 회복시켜줘. 내 자
존감 좀 높여줘"라고 얘기해보세요. 그럼 남편이 '그동
안 너무 내 생각만 했구나. 내 위주로만 얘기했네' 생각
하며 미안한 마음을 갖게 될 수도 있죠. 그렇게 남편의

다른 모습을 발견하다 보면, 예전 관계로 돌아가지 않을
까요.

지연

연예 초에는 열정적으로 했던 분들이니까, 다시 그 열정
을 찾기 위해서 노력하는 거죠. 권태기가 지나면 여성분
의 열정이 다시 올라올 수도 있지 않을까요.

동엽

그럴 수 있죠. 그런 경우도 많이 있어요.

셰익스피어가 이런 말을 했다고 해요. "험한 언덕을 오
르려면 처음에는 천천히 걸어야 한다."

지연

그럼 저는 이렇게 바꿀게요. "험한 인생을 걸으려면 누
군가와 함께 걸어야 한다."

마흔 번째 사연

남자 친구가 자꾸 시도 때도 없이 만져서 너무 힘들어요. 당연히 사귀는 사이고, 만질 수도 있는데, 팔뚝부터 허리, 뱃살, 가슴, 엉덩이까지 안 만지는 곳이 없어요. 남친이 자취를 해서 주말엔 집에 붙어 있을 때가 많은데요. 정말 금요일부터 3일 내내 쉬지 않고 만져댑니다. 왜 강아지들 손 탄다고 하잖아요? 제가 딱 그런 느낌이에요. 진짜 너무 피곤한데, 오빠 제가 잘 때도 만지거든요.

"오빠! 그만 좀 만져. 내가 오빠 애착 인형이야?"

"너무 예쁘니까 만지지. 누가 이렇게 예쁘래?"

"근데, 오빠가 너무 만져대니까 좀 힘들어! 손 좀 가만둬봐!"

"네 살이 말랑말랑한 게 중독성 있어서 그래."

"아후, 정말!! 오빠 변태 같아."

이렇게 짜증을 확 냈더니, 한 이틀은 안 만지더라고요. 하지만 버릇은 여전합니다. 왜 이렇게 손을 가만히 못 두는 걸까요? 그렇게 싫다고 여러 번 말했으면 좀 들어야 하는 거 아닌가요?

동엽

야… 이거 참…. 계속 만지면 사실 좀 힘들잖아요. 근데 이렇게 만지는 걸 유난히 좋아하는 사람이 있어요. 제가 고등학생 때 친한 친구 중에 귀 만지는 걸 좋아하는 친구가 있었어요. 본인 귀도 만지고, 친구들 만나면 귀를 만졌어요. 그게 버릇이었지요. 귀를 만지면 안정감이 들고 기분이 좋다는 거예요. 싫다고 하는데도 막 만져댔어요. 나중에 대학 다닐 때 여친을 만나면서도 귀를 많이 만지더라고요. 제가 볼 때는 습관이고 버릇 같네요. 아무리 그래도 그렇지 허리, 뱃살을 함부로 만지면 당황스러울 것 같아요.

지연

그렇죠. 뱃살. 차라리 가슴을 만져라. 이런 얘기를 여자분들이 많이 하잖아요. 이거는 말해줘야 해요. 왜냐하면 당하는 사람은 너무 힘들거든요.

동엽

너무 기 빨리죠.

지연

남친이 여자분을 너무 좋아하는 건 틀림없네, 방법이 좀 잘못됐어요. 제 생각에는 정말 인형을 하나 사주는 게 어떨까 싶네요. 아니면 슬라임이나 감촉 좋은 점토 같은 거, 그런 거를 몇 개 사서 손에 쥐어줘서 다른 데 손을 쓰게 끔 만드는 게 어떨까요? 정신적 애착 같거든요. 남친이 쉽게 고치기는 어려울 거 같아요. 여자분이 짜증을 내도 안 되잖아요. 다른 걸 만지게 해야 할 거 같아요.

동엽

여자분이 20대 초반이니 지금 이 친구랑 오래 만날 수도 있고 좀 만나다가 또 다른 사람을 만날 수도 있는데, 중요한 건 너무 힘든 게 있으면 상대방한테 애기해야 한다는 거예요. 사랑하는 사이이기 때문에 상대를 존중해줘야 한다는 것을, '아, 이런 게 나한테는 좋지만 상대방한테는 좀 힘들 수도 있구나' 하는 것을 알아가면서 그렇게 어른이 되어가는 거예요. 이렇게 애기하면 상대방이 기분 나빠하지 않을까 고민하며 무조건 참는 게 능사가 아니에요. 그래선 좋은 관계를 맺을 수 없어요.

지연

사연을 보면 그때그때 짜증 내듯 애기했잖아요. 반응만 보인 건데, 그러지 말고 좀 진지하게 제대로 정색하고 말하라는 거죠?

동엽

그렇죠. 조금은 어색하고 불편하더라도 제대로 얘기하세요. 그때그때 하지 말고, 진지하게. 평소에 안 만질 때도 얘기하세요.

마흔한 번째 사연

결혼한 지 1년 정도 됐습니다. 연애를 짧게 해서 그런지 남편 성격을 잘 모르고 결혼했어요. 결혼해보니 예민하고, 잔소리도 많고, 의심도 많고, 정말 맞추기 힘든 타입입니다. 내가 왜 이런 사람이랑 결혼했나 실망도 많이 했어요.

그래서 이혼을 심각하게 고민 중인데요. 딱 하나! 남편이 마음에 드는 건요. 속궁합이 아주 잘 맞는다는 겁니다. 저는 부부 사이에서 잠자리를 정말 중요하게 생각하는 사람인데요. 그 점을 무시할 수 없어요.

평소엔 남편이 정말 미칠 듯이 싫거든요. 그런데 속궁합이 좋으니까 제가 참고 양보하게 됩니다. 남편도 그걸 아는지 저를 더 막 대하는 것 같아요.

잠자리 하나만으로 부부관계가 개선될 수 있을까요? 만약 제가 이혼한다면 이렇게 속궁합 좋은 남자를 또 만날 수 있을까요?

동엽

아우. 어떡해. 어떡해.

지연

진짜 너무 고민되겠다.

동엽

그런데 반대로 생각해보세요. 성격도 진짜 좋고, 잔소리
도 안 하고, 배려심도 많고 진짜 다 좋은데 속궁합이 진
짜 안 맞아. 이렇게 극단적으로 생각해보면 음… 성격
은 조금씩 조금씩 고쳐 나갈 수 있지 않을까 하는 생각도
드네요.

　이런 얘기가 있어요. 부부로 사는 것은 7각형과 18각
형이 만나서 서로 서걱서걱하면서 마모되는 과정이래
요. 마모되는 과정은 처음에는 굉장히 힘들죠. 자기 각을
둥글게 둥글게 만들어야 되니까요. 이렇게 마모되다 보
면 나중에는 거의 둥근 형태가 된다고 해요. 그런데 공학
적으로는 이 과정을 마모라고 말하지만 인문학적으로는
배려라고 할 수 있거든요. 지금은 마모되는 과정의 첫 걸
음이라서 힘든 건지도 몰라요.

지연

와….

동엽

아무튼 성격적 마찰은 나중에 이렇게 원이 될 수 있는데, 속궁합은… 저희가 사연을 많이 받아봤지만, 속궁합 안 맞는 거 때문에 힘들어하는 사람이 많거든요.

지연

오늘 정말 엄청난 조언을 해주신 거 같아요. 정답을 주신 거 같아요.

동엽

아, 쑥스럽네요. 시간이 지나면서 속궁합이 맞는 커플도 있지만, 사실 속궁합이 맞는다는 건 굉장한 축복 중 하나입니다. 그러니까 아까 말씀드린 것처럼 대화를 많이 나누면서 조금씩 조금씩 맞춰보시는 건 어떨까요?

지연

어쩌면 남편분도 아내분에게 성격적으로 맘에 안 들고 기분 나쁜 게 분명히 있을 거예요.

동엽

있죠. 있죠.

지연

모든 관계가 그렇듯, 일방적일 순 없어요. 서로 같이 힘
들어하고 있는 중일 거예요. 둘이 잘 얘기해서 성격을 맞
춰 나가고 서로 양보하다 보면 남들이 너무너무 부러워
하는 커플이 될 수도 있어요. 속궁합도 잘 맞고 성격도
잘 맞고….

동엽

그렇죠. 그렇죠. 아주 완벽한 부부가 될 수 있습니다. 조
금씩 조금씩 서로 맞춰 나가길 바랍니다.

마지막 연애 때, 전남친에게 크게 실망해서 몇 년간 연애를 못 하고 있었어요. 그런데 친구가 정말 괜찮은 사람이 있다고 해서 소개를 받았거든요. 처음 만난 날부터 상대방이 저한테 호감을 표시했습니다. 매너도 있고 괜찮은 사람 같았어요. 그래서 저도 잘해보자 마음먹고 몇 번 만났는데, 만나면 만날수록 좋은 사람인 것 같아 금방 사귀게 됐습니다.

사귄 지 열흘 만에 남친이 진도를 나가고 싶어 했고, 저도 이 남자라면 괜찮겠다 싶어서 관계를 했는데, 사랑받는 느낌이 들어서 좋았어요! 그런데 바로 다음 날부터 매일 아침 오던 연락이 없길래 무슨 일이 있나 싶어 연락을 했더니 "오늘 내가 바빠서 그러는데, 연락 안 해줬으면 좋겠어" 이러더라고요. 느낌이 좋지 않았지만, 바빠서 그런 거려니 생각했어요. 그런데 다음 날까지 연락이 없더라고요. 주말까지 기다

255

리다가 결국 전화해서 갑자기 왜 이러는지 물어봤어요.

"미안해…. 나 전여친이 자꾸 생각나서 안 되겠어."

"뭐…? 갑자기 그게 무슨 말이야…?"

"내가 얘기했잖아. 오래 사귄 여친이 있었다고. 자꾸 생각

나네! 이쯤에서 헤어지는 게 너에 대한 예의인 것 같아."

이렇게 말하는데, 저 너무 충격이었어요. 갑자기 왜 그렇

게 변한 걸까요? 그냥 저랑 한 번 자려고 잘해준 걸까요?

정말 오랜만에 좋은 사람 만나서 행복했는데, 혹시 제가 관

계할 때 무슨 실수라도 한 걸까요? 그냥 질 나쁜 남자한테

걸린 것 같단 생각도 들어요.

동엽

와… 진짜 양아치네요. 이게 말이 됩니까?

지연

이건 진짜….

동엽

근데 진짜 다행일 수도 있어요. 이 남자는 아주 질 나쁜 사람인데, 그걸 모르고 계속 만났으면, 점점 더 깊은 관계가 되고 훨씬 더 많이 사랑하는 감정이 생기고 나서 양아치라는 걸 알게 되었다면 상처가 더 커졌을 거잖아요.

지연

훨씬 더 크죠.

동엽

지금은 속상하겠지만, 진짜 나쁜 놈이라는 걸 빨리 알게 된 걸 오히려 다행이라 생각하고 '하늘이 나를 사랑해서 축복을 내려준 거구나'라고 마음을 달리 먹으셔야 돼요.

지연

그런데 친구가 소개해준 거잖아요. 친구이 지인인데 이렇게 했다는 것 자체가 정말 질 나쁜 사람이라는 걸 보여주는 것 같아요.

동엽

어디 가서 만난 것도 아니고 친구가 소개해줬는데….
그리고 말이 안 되잖아요. "자꾸 전여친이 생각나서"
"너에 대한 예의인 거 같아"라니요. 어디서 개수작이야!
말도 안 되는 거예요.

지연

만약에 정말 좋게 생각해서 이 남자가 호감이 있지만 관
계를 하고 나니, 정말로 진짜 이게 아니었는데, 큰 마음
이 없는데 실수했구나 하는 생각이 들었다면, 직접 만나
서 정중히 사과하는 게 맞죠. 거의 잠수를 타다가 연락했
더니 헤어지자고 전화로 얘기했다니. 그냥 나쁜 사람인
거 같아요.

동엽

말하는 것도 다 이상해요. "자꾸 전여친이 생각나서 안
되겠어" "그리고 얘기했잖아. 오래 사귄 여친이 있었다
고" "이쯤에서 헤어지는 게 너에 대한 예의인 것 같아"
이게 무슨 말이에요, 방구예요? 이거는 정말 다행이라고
생각하셔야 돼요. 좋은 경험했다 생각하시고 그놈이 나
쁜 놈인 걸 일찍 알게 해준 조상님이건 본인 믿는 신이건

그분께 감사하게 생각하세요.

지연

그리고 전남친한테 실망했든, 이번에 질 나쁜 남자 만났든 다음엔 좋은 남자를 만나실 거예요.

동엽

그럼요. 진짜 좋은 사람을 만나게 될 거예요. 남자 친구, 여자 친구를 떠나서 그냥 인생의 선후배로서 말씀드리고 싶어요. 사람을 많이 만나봐야 어떤 사람이 괜찮은 사람인지 알게 된답니다.

지난겨울, 여자 친구가 임신중절수술을 받았습니다. 술김에 둘 다 방심했거든요. 오래 고민했지만, 결국 수술을 택했고, 저희 커플은 힘든 시기를 잘 넘겼다고 생각했습니다.

다행히 여친은 저를 아직 많이 좋아해주고 있어요. 그래서 예전처럼 데이트도 하고 잘 지내고 있는데요. 제가 트라우마가 생긴 건지 여친이랑 관계하는 게 너무 무섭습니다. 여친은 피임만 잘하면 될 것 같다고, 다시 잘해보자고 하는데, 저는 그때 생각만 하면 흥분이 가라앉습니다.

임신에 대한 두려움과 걱정, 여친에 대한 미안함 때문에 잠자리를 점점 더 피하게 돼요. 여친에게는 "몸이 더 괜찮아지면 그때 하자" 이렇게 얘기했는데, 그 얘기를 한 것도 벌써 5개월이 지났습니다. 저 이제 여친이랑 관계를 못 하게 된 걸까요? 이 트라우마를 극복하려면 어떻게 해야 할까요? 제가 안심할 수 있게 다양한 피임 방법을 소개해주세요.

지연

이럴 수 있죠.

동엽

오히려 여친이 트라우마가 생기기 쉬운데, 여친은 잘 극복했고, 남친이 이런 생각을 하게 됐군요.

지연

되게 착한 분인 것 같아요. 자기 일처럼 걱정하고 그 일을 같이 겪었다는 뜻이겠죠. 트라우마가 생겼다는 건 그 일을 자기 일처럼 생각했다는 증거예요.

동엽

마음까지 따뜻한 사람이네요.

지연

올바른 친구인 거 같아요.

동엽

이런 일을 대수롭지 않게 넘기는 양아치 같은 남자도 많잖아요. 정말 따뜻하고 좋은 남친인데, 이렇게 배려해주고 마음 써주는 건 좋지만 그것으로 인해 너무 위축되면 오히려 여친에게 좀 실례 아닐까요?

그렇죠. 5개월이면 벌써 반년이 돼가는데, 트라우마가 생긴 게 맞는 거 같아요. 너무 걱정할 거 없어요. 피임을 잘하면 돼요.

그렇죠. 우리가 항상 말하는 피임. 굉장히 안전한 피임 방법이 많으니까, 정 두려우면 여친이랑 함께 병원에 가서 정말 안전한 피임 방법에 대해 상담해보는 것도 좋을 것 같아요. 전문가의 말씀을 딱 들으면, 확실히 마음이 편해지는 뭔가가 있거든요. 인터넷으로 검색해보고 자기들끼리 판단하는 것보다 전문가가 "이러면 정말 안전합니다" "절대 그럴 일 없어요" "그런 방법을 쓰면 좋습니다" 이런 말을 들으면 정말 안심되거든요.

너무 좋은 생각이에요. 먹는 피임약이 굉장히 잘 맞는 분도 있어요. 먹는 피임약의 경우, 제때제때 잘 먹으면 피임 성공률이 99%로 높고, 장점도 정말 많아요. 그런데 몸에 안 좋다고 생각하는 분이 너무 많더라고요.

그러니까요. 예전에는 진짜로 좀 안 좋았나요? 먹는 피임약에 대해 부정적인 생각이 있었던 게 사실이지요.

지연

약은 다 안 좋다고 생각하는 거 같아요. 먹는 약은 뭔가 몸에 안 좋은 부작용이 있다, 그런….

동엽

근데 피임약과 관련해 나온 연구 결과는 없나요?

지연

오히려 난소암이나 자궁내막암의 위험을 낮춰줘요. 생리 양도 줄여주고, 생리통 완화에도 도움이 돼요. 생리 전 증후군이나 여드름에 도움이 되는 피임약도 있어요. 또 호르몬이 불균형하신 분들한테는 당연히 도움이 많이 돼요. 그런 분들은 남성호르몬이 올라가는데, 그걸 떨어트리는 역할도 해요. 아무튼 장점이 훨씬 많아요. 우리는 모든 일에 득실을 따지잖아요. 차도 교통사고가 날까 봐 무서우면 못 타야 하는데, 그런 걱정 안 하고 다 타고 다니잖아요. 그런데 약으로 부작용이 생길 확률은 교통사고가 날 확률보다 훨씬 낮아요. 이렇게 득이 훨씬 크기 때문에 필요하신 분들은 두려움이나 거부감 갖지 않고 드셨으면 좋겠어요. 다 필요없고 "나는 피임약 먹는 서 너무 귀찮아"라고 말하는 분도 있지요. 귀찮은 거 이해돼

263

요. 매일매일 먹어야 하니까요. 그런 경우에는 3단 콤보, 그러니까 콘돔, 비가임기, 질외사정을 지키면 됩니다. 이렇게 다 지켰는데도 임신이 됐다, 그럼 그런 애는 낳아야 한다고 생각합니다. 나라를 하나 만들 어마어마한 인물이 될 거예요.

동엽

하하하하. 하늘이 준 거다, 그런 애는. 콘돔을 사용하고 비가임기 때 하고, 질외사정까지 했는데, 아이가 생겼다. 그럼 낳아야죠.

지연

그리고 또 자궁 내 삽입 장치나 팔에 넣는 삽입 장치가 있어요. 주사도 있고요.

동엽

진짜 여친을 배려한다면 함께 병원에 가서 여친에게 가장 잘 맞는 피임법이 뭔지 알아보세요. 그럼 여친은 배려받는 느낌이 들면서 남친이 이렇게까지 나를 생각하는구나 하고 감동할 거예요. 아까도 말씀드렸다시피 혼자 이런저런 생각을 하는 것보다는 전문가의 말씀을 딱 들으면 그 말에 신뢰가 생기면서 마음이 한결 편해져요. 심리적인 것도 좋아지리라 생각합니다.

지금 마흔 살이지만, 혼자서도 잘 살고 있는 미혼 여성입니다. 그런데 연애를 안 한 지 5년이 넘어가다 보니 요즘 부쩍 외로워요. 예전엔 이렇게 외로울 때 썸남과 엔조이도 해봤는데, 제가 원하는 건 안전하고 어느 정도 신뢰하는 사람과의 교감적 스킨십이라는 걸 깨달았어요.

그런데 이 성욕이란 게, 갑자기 없어지는 건 아니잖아요. 지금 서둘러 남자를 만난다고 해도 애인이 되기까지는 꽤 오래 걸릴 것 같은데, 이 외로움과 성욕을 어떻게 해야 할지 모르겠어요.

얼마 전엔 여성 성인용품을 알아봤어요. 종류도 기능도 다양해서 순간 혹했는데, 관리를 잘못하면 세균에 감염될 위험이 있다고 하고, 한 번 사용하면 사람과의 관계에선 만족하지 못하게 된다는 후기를 읽고 결국 구입을 미뤘습니다.

이러지도 저러지도 못하는 이 외로움! 어떡하면 좋을까요?

우리나라에는 성인용품에 대한 거부감이 아직은 좀 있
는 것 같아요. 세균 감염 위험이 있다, 계속 사용하다 보
면 사람과의 관계에서 만족하지 못하게 된다, 이런 게 진
짜 후기인지 아니면 이 상품을 홍보하려는 마케팅 전략
인지 잘 모르겠네요. 이런 소문들, 사실인가요?

지연

먼저 세균 감염에 대해 말씀드릴게요. 뭐 균이 들어갈 수
는 있는데, 사실 우리는 늘 균에 노출되어 있잖아요. 질
이 닫혀 있지 않기 때문에 공기 중에 있는 균, 옷, 휴지에
묻은 균이 다 들어가잖아요. 그런 걱정은 크게 하지 않으
셔도 돼요. 게다가 우리 질은 산성이기 때문에 웬만한 균
은 다 죽습니다. 그래서 괜찮아요. 그리고 생리컵도 쓰잖
아요.

동엽

그렇죠.

지연

생리컵도 살균해서 쓴다고 하지만, 하루 종일 쓸 때는 그
냥 물로 닦아서 넣거든요. 그러면서도 세균 감염을 엄청
나게 걱정하진 않지요.

동엽

계속 사용하다 보면 사람과의 관계에서 만족하지 못하
게 된다는 소문은 어떤가요?

지연

주변을 봤을 때, 그 어떤 성인용품을 써도 사람만 못하다
는 경우가 더 많던데요.

동엽

만약에 그런 후기를 봤다면 그거는 그만큼 성능이 좋다,
혹은 소비자 만족도가 높다, 이렇게 홍보하려는 걸 거예
요. 진짜로 그런 경우는 저도 못 봤어요.

지연

아… 아니면 정말 진짜 만족스럽지 않은 남자만 만났든가….

동엽

아… 그럴 수도 있겠네요.

지연

그런 경우는 어쩔 수 없죠.

동엽

지금은 일단 누군가를 만나고 교감한다는 게 사실 쉬운 일이 아니고, 시간이 걸릴 수도 있다고 말씀했는데, 좋은 사람을 만나려고 노력하는 게 제일 중요하겠죠. 하지만 혼자서 욕구를 해소하는 데 있어서 이 방법도 나쁘지 않다고 말씀하셨고, 걱정하는 것처럼 몸에 해롭거나 사람을 만나지 못할 정도는 아니라니까 편안한 마음으로 결정하셔도 괜찮을 것 같습니다. 진짜 괜찮은 남자분을 빨리 만나길 바랄게요.

지연

파이팅!

동엽

소크라테스가 이런 말을 했어요. "사람은 혼자 사는 것보다는 누구하고든 함께 사는 것이 좋다."

지연

그럼 저는 이렇게 바꿀게요. "사람은 혼자 생각하는 것보다 누구하고든 함께 대화로 풀어내는 것이 좋다."

저는 우울할 때면 더 외로워지는 성격인데요. 특히 남자와의 관계를 너무 원하게 돼요. 그렇다고 전남친한테 연락해서 하자고 할 수도 없고, 친한 남사친한테 하자고 할 수도 없으니 데이트 앱을 보거나 헌팅포차에 가거나 하는데요. 갑자기 그러고 있는 제 모습이 너무 한심하더라고요.

그저 즐기려고 그러는 것도 아니고, 나의 우울함을 남자와의 관계를 통해 풀려고 하는 게 한심해요. 더 한심한 건, 저는 이 우울함을 다른 방법으로는 해결하지 못한다는 거예요. 이런 게 정신병인가 싶기도 하고…. 이렇게 건강하지 못한 방법으로 관계하는 제 모습이 너무 속상해요! 병원에 가서 상담을 받아볼까요? 어떻게 하면 제가 변할 수 있을까요?

270

동엽

야… 참…. 본인도 뭐가 문제인지 아는데, 그게 자기 맘
대로 안 되니까 미치는 거죠.

지연

맞아요.

동엽

〈실버라인 플레이보이〉라는 영화가 있어요. 이 영화의
여주인공과 좀 비슷한 것 같네요. 이 여주인공이 외로움
을 계속 관계로 풀거든요.

지연

아….

동엽

이게 약간의 자기 학대일 수도 있다고 하던데…. 혹시
이런 것 때문에 상담해보신 경우는 드물죠.

지연

예, 이런 이유로 산부인과에 오진 않아요.

혹시 주변에 동생이라든가 아니면 아는 분이라든가 비
슷한 사례를 들은 적은 있나요?

지연

이런 주제로 친한 정신과 동기하고 얘기한 적이 있어요.
동기 말로는 이 정도는 병이라고 하긴 어렵다고 말하더
라고요. 정신과 치료나 상담을 받을 정도는 아니고, 어
찌 보면 자연스러운 거라고요. 보통 20대부터 부모에게
서 벗어나 이성이나 친구를 통해 이런 친밀감을 형성하
기 시작하는데, 그러다 보니 이 시기에는 당연히 성적 욕
구가 생기게 됩니다. 그런데 이분은 관계 맺는 방식이 좀
다른 거죠. 이분은 남자하고 관계를 했을 때 그런 욕구,
즉 사회성에 대한 욕구가 충족되는 거죠. 이걸 무조건 막
'나는 왜 이러지?' 고민하며 그런 자신의 모습에서 고립
감, 자괴감, 죄책감을 느끼기보다는 어느 정도 받아들이
고 수용해야 불안함이나 우울함이 줄어들 수 있습니다.

동엽

예, 그렇군요.

지연

그리고 이게 지금은 건강하지 않은 모습인 거 같지만, 스

스로 어느 정도 받아들이고 노력하면서 시간이 지나다 보면 건강한 관계로 발전할 수 있어요. 이분 같은 경우, 일단 자기가 꼭 성관계를 가져야만 이런 감정이 해결된다면, 지금 잠깐은 어느 정도 그런 모습을 인정하고 너무 과하지 않는 선에서 해결하는 게 방법이 아닐까 싶어요.

동엽

그래요. 사실 죄책감을 가질 필요는 전혀 없어요. 다만 그렇게 자꾸만 원나이트로 사람을 만나다 보니까 나중에는 뭐랄까 좀 공허하고 허무하고 뭐 이런 마음이 충분히 들 수 있어요. 아무튼 의사 언니는 이런 마음이 정신병 혹은 상담까지 받아야 할 정도의 일은 아니라고 지금 말씀해주셨어요.

지연

드라마 하나가 떠오르는데요, 〈섹스 앤 더 시티〉를 보면 성관계를 굉장히 좋아하는 캐릭터가 한 명 있어요. 그 캐릭터는 자신의 성향을 온전히 받아들이고, 한 남자한테 만족하지 못하는 걸 스스로 잘 알아요. 그래서 이런저런 남자를 만나다가 나중에 남친을 5년간 사귀면서 그 사람하고만 관계를 하게 되니 "나는 원래 이런 사람이 아닌데…. 나는 나를 더 사랑해, 너보다. 너를 그만 만나고 다시 내 삶을 더 즐기고 싶어"라고 말하며 자신의 원래 모습으로 돌아가더라고요. 또 다른 남자와 원나이트 하면서 즐기는데, 그것을 부끄러워하거나 죄책감을 갖지 않아요. 그렇게 지내는 모습을 보여주는 드라마나 영화도 있어요. 제가 생각하기에 이 문제는 생각을 어떻게 하는지가 중요한 거 같아요. 그리고 27살이면 아직 젊잖아요. 앞으로 얼마든지 바꿀 수 있어요. 감정적으로 충족되는 남자를 만나면, 아마 이런 행동을 더 이상 하지 않을 거예요.

동엽

맞아요. 지금 27살이잖아요. 사실 평생… 67살, 77살까지 계속 이러면 좀 그렇지만 지금은 충분히 이럴 수 있어요. 그러다가 좋은 남친을 만나면 다른 방식으로 얼마든지 해소할 수 있으니까 너무 걱정하지 마세요.

지연

지금은 남친이 없어서 그런 거죠, 뭐. 그래서 이럴 수도 저럴 수도 없는 거 아닐까요?

동엽

만약에 지금 남친을 사귀고 있는데, 또 우울할 때 어딘가… 이거는 살짝….

지연

건강하지 못한 거죠.

동엽

그건 고민해볼 필요가 있는데, 지금 상태라면 그렇게까
지 고민 안 하셔도 될 거 같습니다.

마흔여섯 번째 사연

망설이다가 고민하던 성 문제를 이곳에 남겨봅니다. 결혼 생활 20년차 주부예요. 40대 중반이 되어도 제 성적 에너지가 소멸되지 않는 게, 제 고민입니다. 남편과 계속 사랑을 나누고 싶은데, 10년 전부터 남편은 일상 속 스트레스 때문인지 관계를 피하기만 해요. 어렵게 기회가 생기면 소극적으로 대하다가 최근엔 각방까지 쓰게 됐습니다.

제가 깰까 봐 조용히 출근하는 남편을 보면 관계에 매달리는 저 자신이 비참하게 느껴져요. 성욕이란 것이 날 왜 이렇게 만드는지…. 이 와중에도 남편과의 관계없이 앞으로 계속 지내야 한다는 생각을 하면 우울해집니다. 그런 저 자신한테 또 화가 나기도 해요. 저 어쩌면 좋을까요?

동엽

아… 사연을 보내신 분이 비참함을 느끼거나 자신한테 화를 낼 필요는 전혀 없어요. 왜냐면 식욕, 수면욕, 성욕은 다 아주 기본적인 욕구잖아요. 이건 '나는 계속 졸려요' '배고프면 계속 뭐가 먹고 싶어져요' 이거랑 똑같은 거예요. 그러니까 그렇게 비참해하며 자신에게 화낼 필요가 전혀 없습니다. 그나저나 30대 후반 정도 되면 오히려 여성분들의 성욕이 커진다는 말이 있는데요, 왜 그런 건가요? 호르몬 영향인가요?

지연

사실은 여자나 남자나 조금 더 젊을수록 호르몬의 영향으로 성욕이 높은 게 사실입니다. 나이가 지나면 성욕이 점차 떨어지거든요. 그런데 예전부터 여자는 30~40대가 되면 성욕이 더 커지고 남자는 더 감소한다는 얘기들이 많이 떠돌잖아요. 사실 그 이유는 이때 여성분이 성에 눈을 떠서….

동엽

아….

지연

좀 더 적응되고, 그것이 좋은 걸 알게 돼서 더 성욕이 생

기고 더 하고 싶어지는 거지요. 단순히 호르몬이 원인은
아니에요.

그렇군요.

이런 경우 굉장히 현실적인 조언을 드릴 수 있는데, 일단
남편이 안 하고 싶어 하니 어쩔 수 없잖아요. 같이해야
하는 거니까요. 이런 경우엔 혼자 해결할 수밖에 없을 것
같네요. 나는 욕구가 이만큼 있는데, 상대방의 욕구는 너
무 작아요. 이걸 맞추긴 힘들죠. 남편이 원할 때는 당연
히 같이 맞춰서 하겠지만 그렇지 않고 내가 더 과한 욕구
가 있을 땐 혼자 해결해야죠.

그렇죠. 우리나라는 아직까지도 성인용품을 사거나 구
경하거나 이런 게 조금 부자연스러운 면이 있는데, 요즘
젊은 사람들은 안 그렇더라고요. 이 분야 관계자들 말씀
을 들어보면, 의외로 좀 나이가 있는 중년 여성분들이 굉
장히 많이 찾는대요. 그리고 중년 부부가 함께 오는 모습
을 보면 정말 바람직하다는 생각을 하게 된다더라고요.
일리 있는 얘기 아닌가요.

지연

저도 너무 적극적으로 잘하는 거라고 생각되네요. 이분이 말씀하신 것처럼 일상 속 스트레스가 심해서 욕구가 안 생기는 것일 수도 있잖아요. 남편의 스트레스나 다른 심리적인 원인을 해결해주고 북돋아주는 데 신경을 쓴다면 여유가 생기지 않을까 생각해봅니다.

동엽

그래요. 이 짧은 사연으로 남편의 나이가 지금 몇 살이고 남편과의 관계에 있어서 어떤 문제가 있는지 다 파악할 수는 없지만, 어쨌든 두 분의 문제를 조금씩 개선해보세요. 현실적인 조언을 드린다면, 의사 언니가 말씀해주신 방법을 신중하게 생각해보시기 바랍니다.

45세 워킹맘입니다. 남편은 마흔여섯이고요. 운동을 주 5회, 두 시간 정도 하는 사람이에요. 쉬는 날엔 네 시간도 해요. 탁구는 벌써 15년째 하고 있어요. 담배는 안 피우고 술은 주 3회 정도 마셔요. 그렇다고 취할 정도론 안 마시고요.

그런데…!! 5~6년 전부터 그게 서질 않아요. 어쩌다 해도 금방 끝나고요. 본인도 인정했지만, 병원에 간 적은 없습니다. 그래서 제가 참다못해 솔직하게 얘기했어요. "여보! 나는 아직 하고 싶어! 병원에 가서 해결해보자." 하지만 일주일이 지나도 남편은 반응이 없었습니다. 대화도 하루에 5분도 안 하고, 부부관계도 한 달에 한 번, 그것도 2~3분 힘들게 하고 있어요. 저, 어쩌면 좋을까요? 비뇨기과에 가서 전문가의 조언을 듣는 게 제일 좋을 텐데, 거부감을 가진 남편에게 어떻게 말해야 할까요?

동엽

이거 어떡하죠? 이거 사실… 진짜 참… 진짜… 누구한
테 얘기하기도 참 뭐하고 굉장히 스트레스 많이 받는 대
목이거든요.

지연

그렇죠. 서로가 서로에게 스트레스를 받고, 제대로 얘기
를 나누기도 쉽지 않을 거예요. 서로 자존심에 상처가 될
수 있어서….

동엽

운동도 열심히 하고 있는데도 그렇다니 굉장히 배신감
이 들 수 있죠.

지연

그렇죠. 여자 입장에서는 이 남자가 자신에게 매력을 못
느끼나 하는 생각도 들 테고.

동엽

근데 참… 남자 입장에서는 선배들 말씀을 좀 들어봤는
데, 그게 나이들면서 점점 신체적인 기능이 떨어져서 그
런 선네, 그길 나한테 매력을 못 느끼는 것 아니고 이
야기하면 어떻게 할 방법도 없고 너무 힘들다고 하더라

고요. 아내분께서는 그렇게 생각하지 마시고, 요즘엔 좋은 약이 많이 나왔거든요. 그런 도움을 한번 받아보시는 건 어떨까요?

지연

정답입니다.

동엽

너무나 간단하게, 손쉽게, 그리고 비교적 저렴한 비용으로 해결할 수 있죠.

지연

네, 맞아요.

동엽

50대가 아닌데, 60대가 아닌데 벌써 약을 먹는 건 자존심 상한다고 생각할 필요 없어요. 의사선생님 말씀을 들어보면, 연령과는 상관없다더라고요. 스트레스를 훨씬 덜 받고 좋은 부부관계를 가질 수 있으면 일찍 먹는 것도 괜찮아요.

지연

지금 남편분은 병원에 가자고 했는데도 반응이 없잖아

요. 이것도 문제죠. 제 친구 중에 이런 케이스가 딱 있었어요. 남친이 한 번도 발기가 안 됐어요. 6개월 사귀는 동안. 저한테 와서… 제 얘기 아니에요.

동엽

그럼요. 알아요. 친구 얘기.

지연

제 친구! 암튼 그래서 저를 붙잡고 엄청 고민했어요. 그래서 제가 약을 처방해줬어요. 약을 처방 받고 이 친구는 남친에게 "아, 이거 영양제인데 우리 같이 나눠먹자. 이거 몸에 너무 좋은 거래" 이렇게 얘기하고 같이 나눠 먹었다고 하더라고요. 그러다 보니까, 남친이 알고 먹었는지 모르고 먹었는지 모르겠지만, 어쨌든 문제가 해결됐어요. 그랬더니 자신감이 살아나 어느 정도 지난 뒤에는 약을 안 먹어도 발기가 좀 되더래요. 그렇게 해결된 케이스가 있거든요.

동엽

그렇죠. 남자는 진짜 정신적인 데 큰 영향을 받거든요. 그런 면에서 볼 때 병원에 가기 싫어하는 심리도 충분히 이해돼요. 일단 병원에 간다는 것 자체가 사기가 나이에 비해 그런 기능이 떨어진다는 걸 다 알리는 셈이니까, 그

285

게 자존심 상해서 그럴 수도 있어요. 하지만 그래도 병원
에 가는 게 좋아요.

지연

정 안 될 경우, 여성분 혼자 가서 상담해보시는 것도 방
법이에요.

동엽

처방을 받아서 한번 약을 먹어보세요. 먹는 건 전혀 문제
가 안 되니까요. 꼭 실천해보시기 바랍니다. 정말이에요.

마흔여덟 번째 사연

안녕하세요. 아이 대학 졸업까지 지켜본 아줌마예요. 언젠가부터 얼굴에 열이 자주 오르고 감정 기복도 심해지더니 곧 폐경이 찾아왔습니다. 갑자기 폐경이 되니 여자로서는 끝난 것 같아서 참 많이 울었어요. 특히 남편 앞에서 많이 울었는데, 남편은 그런 저를 따뜻하게 위로해줬습니다.

"당신은 나한테 항상 여자야! 그런 생각하지 마. 우리 바빠서 못했던 사랑, 이제 좀 하면서 살자."

그 얘기를 듣는데, 너무너무 고맙고 마음이 진정됐습니다. 그래서 남편과의 부부관계 횟수를 조금씩 늘리려고 해요. 그런데 폐경하면 관계할 때 좋지는 않고 통증만 있다는 글을 어디서 봤는데 사실인가요? 그리고 성적 욕구도 점점 더 사라진다고도 하던데, 아직은 잘 모르겠어요. 자세히 알려주시면 감사하겠습니다. 폐경기 이후의 성생활, 자세히 설명 좀 해주세요!

동엽

사연 잘 보내주셨어요.

지연

많이들 하는 고민이거든요.

동엽

그렇죠. 이런저런 소문, 이런저런 설 같은 게 많아요. 폐
경한 이후에 관계하면 이렇다 저렇다 제각각이죠. 산부
인과 전문의 의사 언니가 계시니까 정확히 말씀해주세
요. 물론 사람마다 조금씩 다르긴 하겠지만.

지연

사람마다 개인차는 있지만, 폐경하면 에스트로겐이 확
떨어지긴 해요.

동엽

에스트로겐이 여성 호르몬이죠?

지연

예. 그런데 이 호르몬이 여성의 성욕이나 성감에 굉장히
중요한 역할을 하거든요. 일단 에스트로겐이 없으면 하고
싶은 마음이 잘 안 들고요, 예전만큼 잘 못 느끼게 될 수도

있어요. 그것 때문에 "나는 잠자리가 하기 싫어" "남편을 피하게 돼" 이런 분들이 늘어나는 거예요. 가장 좋은 치료 방법은 호르몬제를 드시는 거예요. 여성 호르몬이 떨어져서 나타나는 증상이니까 여성 호르몬을 먹으면 그게 유지되는 거죠.

동엽

여성 호르몬제를 복용했을 때 특별한 부작용이나 리스크는 없나요?

지연

몇 가지 있기는 한데, 그렇게 심각한 건 없어요. 특히 사연을 보내신 분은 50대 초반이시잖아요. 60대 이전, 그러니까 7년 정도는 유방암의 위험도도 올라가지 않는 것으로 알려져 있어요. 그거 말고도 대장항문암, 치매, 요실금, 골다공증, 손발 저림이나 감정 기복 이런 걸 다 낮춰줘요.

동엽

오히려 장점이 많네요.

지연

훨씬 많죠. 득실을 따져야 볼 때 득이 훨씬 더 많아요. 유방암이 너무 걱정되는 분들에게 좋은 정보 알려드릴게요. 최근에는 아예 유방암 위험도를 높이지 않는 호르몬제도 나왔어요. 사연 보내신 분의 경우, 호르몬제 드시는 걸 강하게 추천드려요. 그리고 성관계 시 통증이 느껴진다면 외음부 위축이 원인이에요. 이건 노화와도 관련 있고, 여성 호르몬이 없어서 그렇기도 하니 역시 호르몬제가 도움이 돼요. 너무 건조하다면 윤활제 등 제품이 잘 나와 있으니 그런 것을 사용하시면 돼요.

동엽

맞습니다. 제품의 도움을 받는 것을 너무 두려워하거나 걱정하지 마시고, 한번 이용해보시면 예전에 못 느꼈던 만족감, 행복감을 느낄 수도 있습니다. 성인용품 가게에 가서 다양한 제품들을 보시고, 호르몬제뿐만 아니라 남자분 같은 경우엔 좋은 약도 많이 나와 있으니까 한번 복용해보시는 등 이런저런 시도를 많이 해보시는 게 좋을 것 같아요.

지연

폐경됐다고 해서 절대 여자로서 끝난 게 아니에요. 여성 호르몬이 줄어드는, 일종의 내분비 질환이지요. 비관적으로 생각하실 필요 전혀 없습니다.

동엽

그리고 뭐 한 달에 한 번씩 생리 때문에 불편한 느낌을
느껴야 했던 게 완전히 없어지잖아요.

지연

없어지지요. 유일한 장점이죠.

동엽

그렇게 좀 좋게 생각할 수도 있잖아요.

지연

이제 생리가 없어진다니. 그렇게 좋게 긍정적으로 생각
하시는 것도 도움이 되죠.

동엽

자, 그리고 말씀을 들어보니, 남편분이 너무 따뜻한 분이
시네요. 그런 분이 옆에 계시는 것만으로도 폐경이 무슨
상관이겠습니까.

마흔아홉 번째 사연

제 남자 친구는 30대 초반이에요. 사귄 지 두 달 정도 됐습니다. 사귀고 나서 딱 2주 되던 날, 분위기를 잡고 관계를 했어요. 처음 할 때부터 쉽지 않았어요. 남친이 자꾸 관계 도중에 꼬무룩… 해지거든요. 처음이라 긴장해서 그런 거겠지 싶었는데, 그 이후에도 관계 중 자꾸 작아지더라고요.

며칠 전에도 잘 하다가 자세를 바꾸니까 바로 작아졌어요. 남친은 "아, 미안…. 나 원래 진짜 안 그러는데, 요즘 피곤해서 그래. 미안해. 다시 해볼게." 이러면서 혼자 머쓱해하더라고요.

중간에 자꾸 그러니까, 저도 너무 힘들어요. 남친이 자존심 상해할까 봐 병원 가보란 말도 못 하겠어요. 남친이 왜 자꾸 꼬무룩해지는 걸까요? 어떻게 해야 할지 모르겠어요. 만약 계속 이런 상황이 반복되면, 병원에 가봐야 하지 않을까요?

아…, 글쎄요. 여러 가지 이유가 있고 확실히 어떤 상태 인지 모르겠지만, 예전에 비뇨의학과 선생님께서 윤활 제 같은 걸 사용하면 왜 좋은지 설명하시면서 이런 말씀 을 하셨어요. 윤활유 역할을 못 할 때 마찰력에 의해서 남 자가 꼬무룩해지는 경우가 굉장히 많대요. 그래서 윤활제 를 잘 활용하면 좋다고요. 그런 걸 사용하지 않아도 충분 히 느낌을 받을 수 있으면 괜찮은데, 그렇지 않은 경우도 있거든요. 혹시나 그런 이유로 여친에게 말하지 못하는 거 아닌가 싶기도 해요. 아, 물론 혹시나 해서 말씀드리 는 겁니다.

가능한 얘기예요. 일단 두 커플이 얼마나 여러 번 관계했 는지 모르겠지만, 몇 번 시도 안 해본 거 같아요. 초반에 몇 번 정도는 심인성으로, 너무 긴장되고 불안해서 이런 일이 생길 수 있지 않을까 싶거든요. 30대 초반이라도 남친이 성 경험이 별로 없다면 충분히 가능한 이야기이지 요. 조금 더 시간을 갖고 경험을 쌓다 보면 점차 좋아질 수 도 있어요. 엽자님의 말씀대로 그런 게 원인일 수도 있으 니 대화를 해보는 것도 필요할 것 같아요.

동엽

의사 언니가 말씀하신 것처럼 뭐 평소에는 공부를 잘하
다가 시험 볼 때 진짜 잘 봐야지 하는 생각에 긴장해서
오히려 시험을 망치는 사람들이 있잖아요. 평소에는 말
도 잘 하고 사람들과도 잘 지내는데, 면접 볼 때 너무 긴
장해서 망치는 경우도 있지요. 여친한테 너무 잘 보이고
싶고 진짜 뭔가 나란 존재를 확실하게 드러내고 싶다, 이
런 게 너무 큰 부담으로 작용해서 그럴 수도 있어요. 이
런 일이 자꾸만 반복되다 보면 '어… 오늘도 그러면 안
되는데…' 하고 지레 생각하는 거죠.

지연

악순환이 반복되는 거죠. 솔직하게 이런저런 얘기를 해
주고 싶은데, 일단 기본적으로 삽입하기 전에 충분한 컨
디션을 만드는 게 중요해요. 이런 경우에는 여성의 전희
처럼 남성도 전희를 통해 흥분 상태를 최고조로 만들어
놓아야 해요.

동엽

정말 필요한 얘기예요. 흥분 상태 최고조가 100이라면
한 95~100 정도 됐을 때 하지 않고 88~89 정도에 하
면 금방 70점, 50점으로 떨어질 수 있어요. 95점 이상
되어야죠. 시험공부를 열심히 해서 계속 꾸준히 좋은 성

적을 받던 애들은 쉽게 밑으로 안 떨어지는데 시험 범위를 끝까지 열심히 공부 안 하고 그냥 대충해서 80점대를 받으면 금방 50~60점대로 떨어지거든요. 그거랑 마찬가지죠.

지연

네, 그렇게 생각하면 좋을 거 같습니다. 충분히 해결 가능한 문제예요. 크게 걱정하지 않으셔도 될 거 같습니다.

동엽

자꾸 이런 상황도 만들어보고 저런 상황도 만들어보고, 충분히 대화하면서 교감하고 그러다 보면 뭔가 방법이 생길 겁니다. 그렇게 서로를 알아가는 거죠. 자, 힘내시기 바랍니다.

슽 번째 사연

저는 원래 담배 냄새를 싫어해서 담배를 피우지 않았는데, 회사에 입사하면서 상사의 권유로 담배를 피우기 시작했습니다. 초반엔 술 마실 때만 피우던 것이, 지금은 시도 때도 없이 하루에 한 갑 이상 피우고 있어요. 이젠 손에도 담배 냄새가 배어버렸네요.

그런데 요즘, 담배를 피운 이후 관계할 때 감각이 조금 둔해진 것 같단 생각이 들어 고민입니다. 24살 때부터 사귀던 여자 친구와 늘 만족스러운 관계를 했는데, 담배를 피운 이후로 점점 불만족스럽더라고요. 담배 말고는 특별히 바뀐 게 없어서 아무리 생각해도 담배가 문제인 것 같아요.

혹시 흡연으로 인해 관계의 만족도가 낮아지기도 하나요? 그렇다면 저는 어떻게 해야 할까요?

동엽

흡연으로 인해 만족도가 낮아졌다···. 저는 사실 이 문제에 대해서는 잘 모르겠네요. 오랫동안 흡연을 하다가 금연한 이후에 모든 감각이 좋아졌다는 이야기는 많이 들었어요. 미각도 그렇고, 후각도 그렇고, 금연한 이후에 감각이 살아나더라는 이야기는 들은 적 있어요. 저 역시 금연한 이후에 그런 경험을 했거든요. 그러니까 반대로 생각하면 그럴 수도 있긴 한데, 의학적으로 이런 연구 결과가 나왔는지는 잘 모르겠네요.

지연

담배 때문에 성감이 떨어진다, 이런 얘기는 저도 사실 들어본 적이 없긴 해요. 그런데 흡연을 하면 발기가 잘 안 되는 경우는 있어요. 그렇지만 성감 자체가 떨어진다, 이건 제가 알기로는 일단 아니에요.

동엽

맞아요. 담배를 피우면 발기가 잘 안 되는 경우는 있죠. 제가 보기에 이분은 회사에 입사한 뒤 스트레스로 인해 생긴 감각 저하, 그 영향이 충분히 있다는 생각이 들거든요. 그러니까 담배를 안 피웠더라도 사회생활을 하면서 알게 모르게 스트레스를 받고 있기 때문에 무의식중에 그런 것들이 깔려 있어서 관계할 때 예전 같은 만족감을 못 느낄 수도 있지요. 그런데 공교롭게도 담배 피운 기간 이랑 맞물려 그렇게 생각하게 된 거고요.

지연

맞아요, 저도 그렇게 생각해요.

동엽

담배를 진짜 많이 피워본 사람으로서 말씀드리는데 좋은 기회잖아요. '담배 때문에 그런가? 한번 담배를 끊어볼까' 이렇게 생각해보는 건 어떨까요? 한번 담배를 끊어보세요. 여러 가지 정신적인 요인이 맞물려 있기 때문에 담배를 끊으면 담배를 피우기 전에는 느끼지 못했던, 그때는 당연하다고 느꼈던 것들을 새롭게 느끼게 될 거예요. 몸의 변화도 분명히 생길 거고요. 담배를 피우는 게 스트레스 해소에 전혀 도움이 안 된다는 걸 깨닫게 될 거예요. 게다가 손에서도 냄새가 안 나고, 입에서도 냄새가 안 나고, 머리카락이나 옷에서도 냄새가 안 나지요. 그러다 보면 여친과의 관계도 분명히 정말 좋아질 거라고 생각해요. 이게 다 정신적인 거랑 맞물려 있거든요. 남자는 진짜 그 문제를 아주 예민하게 받아들이기 때문에 이참에 담배를 끊는 것도 괜찮지 않을까 싶습니다.

298

금연할 수 있는 좋은 계기가 될 거 같네요. 본인도 그게 문제 같다고 생각하고 있으니까 이참에 금연을 시도해 보는 게 어떨까요?

동엽

진짜 제가 세상에 태어나서 제일 잘한 거 세 가지를 꼽으면 그중 하나가 담배 끊은 거입니다. 제가 어느 정도로 담배를 좋아했냐면, 결혼하기 전 총각 때 이야기예요. 담배를 피우고 싶은데 그렇게 많이 샀났는데도 깜빡해서 담배가 없는 거예요. 여름이었는데 겨울옷을 다 뒤졌어요. 다 뒤지다 보면 어딘가 안주머니, 바깥 주머니, 패딩, 점퍼, 코트 이런 데서 담배가 나와요. 나오면 그거를, 오래된 거라 말라비틀어져서 쓴맛밖에 안 나는데 그걸 피워요. 정 없으면 겨울에는 정말 추운데도 10분 정도 걸어가 담배를 샀죠. 정말 다시 한 번 말씀드리는데, 제가 제일 잘한 것 중 하나가 담배 끊은 겁니다. 담배를 끊고 자신의 컨디션이 어떻게 달라지는지 지켜보시기 바랍니다.

지금 남자 친구와 연애한 지 50일이 갓 넘었고, 아직 관계는 하지 않았어요. 저는 계속 마음의 준비를 하고 있었는데, 남친은 아니었나 봐요. 50일 기념일에 호캉스를 갔는데, 남친이 예약한 방이 싱글 침대 두 개가 있는 방이더라고요. 뭐, 그럴 수도 있겠다 싶었는데, 그날 밤 같이 술을 한잔하다 보니 분위기가 그쪽으로 흘러갔거든요. 그런데!!

"아!! 후… 후… 미안, 내가 성급했지?"

"어? 아, 아니. 난 괜찮은데…."

"미안해. 아직은 좀 이르니까, 우리 오늘은 꼭 안고 자자!"

이러더라고요. 저는 진짜 괜찮았거든요. 근데 안 한다는 남친을 억지로 꼬셔서 하는 것도 이상해서 그냥 잠만 자고 왔어요. 물론 남친의 그 마음이 고맙긴 해요. 근데 한편으론 그런 상황에서 참을 수 있나 싶어서요. 혹시 제가 여자로 안 느껴지는 걸까요?

지연

여자로 안 느껴지면 사귈 리 없죠. 진짜 그냥 아직 이른 것 같아서, 아껴주고 싶은 마음 아니었을까요?

동엽

아… 이런 얘기하면 남자들 진짜 상처 받아요. 절대 그렇게 생각하지 마세요. 여자로 안 느껴지긴요. 왜 안 느껴지겠어요. 근데 남자들은 이런 상황에서도 끝까지 참고 지켜주면 여자들이 감동할 거다, 이런 생각이 머릿속에 있거든요. 그런 얘기를 많이 들어봤어요. 여친분에게 큰 감동을 주려고 힘들게 참은 거예요. 100% 제 말이 맞습니다.

지연

아…, 100%.

동엽

근데 방송하면서 많은 여성분과 얘기를 나눠보니까 또 너무 참으면 여자들은 이게 뭐야… 하며 진짜 짜증 나게 생각하는 경우도 많더라고요.

지연

그렇죠.

동엽

이게 경우의 수가 많은데 언제가 제대로 된 타이밍인지,
적재적소에 맞게 어떻게 행동해야 하는지, 참… 이게 참
어려워요. 이게 나이가 어리면 어릴수록 더 어려워요.

지연

그렇죠. 50일 기념일에 호캉스를 갔으니 여친은 내심 오
늘이구나 했는데 싱글 침대 두 개라….

동엽

그렇죠. 여기서 반전은 싱글 침대 두 개인데, 한 침대는
아예 사용하지 않는 거예요. 어… 그러면 그때 또 감동
이죠.

지연

네…, 근데 말씀하신 것처럼 남친도 엄청 참았을 거예
요. 그렇죠.

동엽

그렇죠.

지연

이날 얼마나 힘들었겠어요.

그런데도 여친한테 '든든하다' '날 지켜줬다' '요즘 이런 남자가 어딨냐' 이런 감동을 주고 싶어서 그랬던 거예요. 정말이에요. 그럴 때는 충분히 설명해주는 것도 괜찮을 것 같아요. 남자가 눈치 빨라서 잘 행동하면 좋은데, 그렇지 않으면 "그런 마음을 충분히 알았으니까, 우리 정말 멋진 추억을 만들어보자" 이렇게 말해주면 남친도 '어? 괜히 하는 얘기가 아니고 진짠가?' 생각해서 진짜 서로 아주 알찬 시간을 보낼 수 있지 않을까요.

지연

하하하.

동엽

근데 이게 어려워요. 여친이 형식적으로 "어… 아직 이런 거 아니야" 하는데 거기서 계속 무조건 직진하면 또 한편으로는 "어? 나를 보호해주거나 지켜줄 생각이 전혀 없나. 내가 그렇게 쉬워 보여?" 이런 얘기를 들을 수도 있거든요.

지연

그렇죠.

동엽

그게 참… 선을 잘 타는 게 어렵습니다. 어려워요.

지연

그만큼 배려심이 많은 남자인 거 같아요. 그냥 저는 고마
움을 느끼면서 기다려보면 될 거 같아요.

동엽

그렇죠. 여자로 안 느껴져서 그런 건 절대 아니니까요.
절대 그럴 리 없어요.

생텍쥐페리가 이런 말을 했다고 해요. "삶의 의미는 발
견하는 것이 아니라 만들어가는 것이다."

지연

그럼 저는 이렇게 바꿀게요. "사랑의 의미는 행위에 있
는 것이 아니라 교감을 통해서 만들어지는 것이다."

쉰두 번째 사연

저는 굳이 따지자면 통통 몸매인데요. 연애를 시작하고, 남자 친구랑 데이트를 하다 보니까 살이 3kg 정도 더 쪘습니다. 그래서 제가 걱정했더니, 남친은 오히려 가슴이 더 커진 것 같다면서 좋다고 했거든요. 그런데 2주 전쯤 갑자기 이런 말을 하더라고요.

"우리 둘 다 살이 좀 쪘잖아? 여름인데… 다이어트 좀 할까? 나는 헬스를 다닐까 생각 중이야."

"운동하게? 근데 나는 자기 뱃살 귀여운데…."

"자기도 같이하면 어때? 요즘 관리 좀 안 하는 것 같은데…."

"왜? 보기 싫어…?"

"뭐, 싫다기보다… 예전만큼 흥분되지 않네…."

그 말을 듣는 순간, 너무 충격이었어요. 처음엔 분명히 제가 통통해서 좋다고 했거든요. 그런데 이렇게까지 얘기하는

307

걸 보면… 저한테 질린 걸까요? 그 말을 한 이후로 관계를

거의 안 하고 있어서 더 우울해요.

동엽

아니, 굳이 그렇게 말할 필요가 있었을까요. 꼭 남친 여친 문제가 아니라 그냥 사람과 사람 사이에 주고받는 표현 방식이 참 다양한데 굳이 이렇게 얘기할 필요는 없다고 생각해요.

지연

상처되는 표현이긴 하죠. 상대에게.

동엽

"싫다기보다는 예전만큼 흥분되지 않네" 이거는 가슴에 대못 박는 거죠. 대못을 벽에 박아야지 왜 가슴에 박는 걸까요?

지연

아마도 남친은 여친이 살이 찐 게 처음부터 좋지는 않았던 거 같아요. 그렇지만 여친이 상처 받을까 봐 가슴이 더 커진 것 같아서 좋다고 대충 포장하면서 여친이 눈치 채주길 바랐는데, 눈치를 못 채니까 나름 쌓인 거죠. 그렇게 쌓이다 보니까, 이런 말이 나오지 않았나 하는 생각이 들어요. "같이 운동하자" "자기 좀 관리 안 하는 거 같아" 이렇게 말하다기 터진 것 같아요.

동엽

그래도 여친이 싫으냐고 물어보면 "아니, 뭐가 보기 싫어. 더 건강하게, 건강을 위해서…" 이렇게 넘어갔어야죠.

지연

한 번 더 참았어야 했는데….

동엽

그렇게 잘 참다가 막판에 "예전만큼 흥분이 안 되네".

지연

그 한마디로 다 깎아 먹었네요. 그전에 쌓아놓았던 거를 다.

동엽

솔직히 이런 말을 할 수 있는 건 남친이 여친을 그만큼 가깝다고 느끼기 때문일 거예요. 우리의 미래를 위해서 이렇게 한번 해보면 어때? 라는 표현을 너무 직설적으로 한 거지 일부러 상처 주려는 의도는 아니었을 거예요.

지연

그렇죠. 절대 상처 주려는 의도는 아니었을 거예요. 물론 너랑 하기 싫어, 이런 의도도 아니었을 거고요.

동엽

그렇죠. 서로 헤어지고 싶어서 한 얘기도 아니고요. 그러고 싶었다면 이런 얘기 안 하죠. 그냥 헤어지지…. 정말 그런 게 아니고 진짜 여친을 생각해서 한 말일 거예요. 처음에는 진짜 좋다고 생각했는데, 시간이 지나면 조금씩 바뀔 수 있잖아요. 더 긍정적인 관계를 만들어 나가기 위해서 얘기한 건데, 표현이 조금 투박하고 거칠었죠. 여친분이 충분히 상처 받을 수 있는데, 행간에 있는 뜻은 그게 아니라고 생각해요. 그러니까 살을 빼는 것을 떠나 함께 조금씩 운동을 해보는 게 어떨까 싶네요. 둘이 함께 취미 활동 삼아 하는 것도 좋을 것 같아요. 그 한 문장에 너무 상처 받지 말고 남친과 함께 헬스든 유산소운동이든 자전거 타기든 산책하기든 운동을 함께해보시는 것도 좋을 거 같습니다.

저와 남자 친구는 과 CC예요. 만난 건 올초
이지만, 좀 늦게, 한 달 전쯤 관계를 하게 됐어요. 근데 남친
이 첫 관계 때부터 콘돔 쓰는 걸 꺼려하더라고요. 그래서 왜
그런지 물었죠.

"그냥 하는 게 훨씬 느낌이 좋잖아. 그리고 전여친은 경구
피임약을 먹어서 콘돔을 안 썼거든."

하지만 저는 콘돔을 사용하지 않으면 관계를 하지 않겠
다! 못을 박았고요. 남친도 알겠다고 했습니다. 그리고 이틀
전에 남친이랑 관계를 했어요. 분명히 처음엔 콘돔이 있었는
데… 나중에 보니까 없더라고요. 그래서 제가 정색하고 화
를 냈더니, 아파서 뺐다는 거예요.

남친이 아프다고 하니까 좀 고민되더라고요. 엽자님! 남자
들 중에 콘돔을 끼면 아픈 사람도 있나요? 남친이 콘돔을 쓰
기 싫어서 거짓말하는 것 같기도 하고… 지금 남친이 처음
이라… 저는 잘 모르겠어요.

312

지연

음… 콘돔을 쓰면 아프다. 저는 처음 듣는 이야기네요. 어떤가요?

동엽

아프다며 뺐다고 얘기했는데, 글쎄요. 진짜 아플 수도 있지만… 유난히 콘돔을 끼고 관계하는 걸 싫어하는 남자분이 있어요. 예를 들면, 콘돔을 끼고 사랑을 나누면 사랑하는 사람의 어깨나 얼굴을 쓰다듬을 때 마치 위생장갑을 끼고 쓰다듬는 것처럼 느낌이 안 온다고 해요. 그 차이를 굉장히 심하게 느끼는 거죠. 대부분 그렇게까지 심하게 느끼지 않는데, 어떤 사람은 굉장히 심하게 느껴요. 콘돔은 두께가 진짜 1밀리미터도 안 되잖아요. 1밀리미터가 뭐야…. 0.03밀리미리예요. 굉장히 얇은데도 불구하고 어떤 사람한테는 그게 3~5밀리미터로 느껴지기도 한대요. 진짜 안 하면 안 했지 난 콘돔 끼고는 못 하겠다는 사람도 있어요. 아주 드물긴 하지만….

지연

사람은 다 다르니까 그런 사람도 충분히 있을 수 있겠네요.

그런 경우가 아닌가 싶은데…. 그런데 콘돔도 자꾸만 사용하다 보면 점점 적응하기 마련이거든요. 처음에는 조금 이물감도 느껴지고 뭔가 어색하고 개운한 맛이 없어서 싫을 수도 있는데, 계속 사용하다 보면 어느 순간 적응돼요. 특히 위생적인 측면에서 남친, 특히 여친을 위해서는 콘돔을 사용하는 게 바람직하다고 의사 언니도 누누이 말씀하셨잖아요.

지연

두 분이 잘 얘기해서 맞춰가야 할 것 같아요. 반지를 생각해보세요. 반지를 처음 끼면 되게 어색하고 손가락에 이물감이 느껴지지만 나중에는 끼고 있는지도 모르게 금방 익숙해지잖아요.

315

동엽

시계도 안 차던 사람이 차면 너무 불편하잖아요. 하지만 금방 적응되죠. 그런 거니까 두 분이 충분히 얘기를 나눠보세요. 그리고 함께 병원에 가서 진단을 받아보고 소변 검사도 받아봐서 남친이 정말 확실하게 위생적으로 전혀 문제가 없고 계속 만날 사이라면 경구피임약을 먹는 것도 한번 고려해볼 수 있겠죠.

지연

그렇죠.

동엽

의사 언니가 예전에 말씀하신 것처럼 여성분이 피임약
을 먹는다고 해서 부작용이 있다거나 건강이 안 좋아진
다거나 하는 일은 전혀 없으니까 남친이 정말 싫어한다
면, 도저히 안 되겠다면 한번 생각해보세요.

316

저랑 여자 친구는 3년 넘게 만났습니다. 그 동안 큰 싸움 한 번 없이 서로에게 맞춰가면서 예쁘게 잘 만나고 있는데요. 여친이 평소엔 괜찮은데, 관계할 땐 굉장히 소극적이고 부끄럼도 많은 편이에요. 그래서 전 아직까지 여친의 알몸을 본 적이 없습니다.

"잠깐만! 불 안 꺼?"

"스탠드 조명도 안 돼? 나 이제 네 몸 좀 보고 싶다…."

"아, 싫어! 안 돼. 안 돼."

"나는 네 얼굴 보고 눈도 좀 마주치면서 하고 싶어. 이제 창피할 거 없잖아."

"아, 난 아직 싫어…. 창피해…. 나 그럼 안 할래."

이렇게 얘기해요. 당연히 아침이나 낮에 하는 건 상상도 할 수 없는 일입니다. 제 눈엔 다 예쁜데, 왜 이렇게 불 켜는 걸 싫어할까요? 여친 표정을 볼 수 없으니, 좋아하는 건지 아닌지 반응도 잘 모르겠어요. 방법이 없을까요?

동엽

일단 저는 여친이 그렇게 싫어하는데 굳이 그렇게 자꾸만 "불을 켜자", "밝을 때 뭔가 해보자" 이러지 않았으면 좋겠어요.

지연

저도 그렇게 생각합니다. 근데 저 사실 이 사연을 읽으면서 혼자 좀 웃긴 상상을 했어요. 눈 보고 싶고 얼굴 보고 싶다고 해서 플래시를 얼굴에 비추고 있는 거 잠깐 상상했어요. 눈만 보이게.

동엽

헤어밴드에 플래시 달린 거 있잖아요. 그걸 쓰면 얼굴만 볼 수 있겠네요.

지연

얼굴만, 눈만 딱 보고….

동엽

근데 이분들이 선호하는 체위가 어떤 건지 모르잖아요. 섣불리… 아, 죄송합니다. 조언을 한답시고.

지연

저도 죄송합니다. 그나저나 여친은 자기 알몸을 보여주는 게 너무 부끄럽고 집중이 안 되는 거죠. 충분히 그럴 수 있어요.

동엽

의외로 진짜 불을 켜기 싫어하는 다른 이유가 있을 수도 있어요.

지연

어… 저도 그런 생각했어요. 혹시라도 뭔가 남한테 보여주고 싶지 않은, 신체적으로 부끄러운….

동엽

남친이 봤을 때는 아무것도 아니고 실제로 아무렇지 않은 건데, 본인은 굉장히 큰 콤플렉스라고 느끼는 뭔가가 있을 수 있어요. 그런 건 함부로 건드리지 않는 게 좋아요.

지연

여친의 반응을 알고 싶어서 불을 켜고 싶은 것 같은데, 꼭 표정이 아니어도 여친의 목소리나 몸의 작은 떨림이나 신호… 그런 걸로도 눈치챌 수 있지 않을까요? 아니면 대화를 한다든가…?

동엽

그렇죠.

지연

그렇게 다른 방법을 시도해보는 게 먼저이지 않을까 싶어요.

동엽

만약 얼굴 표정을 보고 싶다. 그러면 계속 눈을 감고 있다가 갑자기 눈을 뜨면 동공이 확장되면서 어두운 데서도 보이는 경우가 있거든요. 그런데 어느 정도 깜깜하길래 이런 고민을 하는 걸까요? 뭐 암막 커튼으로 완벽하게 가려져 있지 않으면 사실 달빛이나 창밖에서 들어오는 불빛으로 어느 정도는 보일 텐데…. 어쨌든 여친이 너무 싫어한다면 의견을 존중해주는 게 좋지 않을까 싶습니다.

쉰다섯 번째 사연

　　스물여섯 어린 나이에 결혼했다가 1년도 채 살지 못하고 이혼했습니다. 혼자 살면서 연애는 몇 번 했지만, 끝이 다 좋지 않았어요. 그러다 올초, 지금의 남자 친구를 만났습니다. 망설이는 저에게 과거 같은 건 상관없다고 말해준 사람이에요.

　　그래서 너무 고맙고, 저도 오래 이 연애를 지키고 싶은데요. 속궁합이 문젭니다. 남친이 관계를 하다가 자꾸 그게… 작아져버려요. 콘돔을 사용하면 좀 나아질까 싶어 사용해봤는데… 조금 나아질 뿐, 문제가 해결되지는 않았습니다.

321

　　그래서 제가 무슨 문제가 있는 건지 물어봤어요. 그랬더니 "자기가 나보다 경험이 많으니까 나도 모르게 부담이 되나 봐! 만족시키지 못할 것 같아서 걱정도 되고…."

　　그 말을 듣는 순간, 결국 내가 문제인가? 내가 결혼을 한 번 했던 게 그런 부담으로 다가왔나? 라는 생각이 들면서

머리가 복잡해졌습니다. 정말 부담 때문일까요? 아니면 원

래 그런 문제가 있었던 사람일까요…?

동엽

아, 이거는…. 말이 안 돼요. 결혼했다가 1년도 채 살지
못하고 이혼했는데 그거 가지고 나보다 경험이 많으니
까? 이거는 말이 안 돼요. 경험이 많으면 이혼했겠어요?
아니에요.

지연

그렇죠. 그리고 결혼을 경험이라고 말하는 것도 좀 그렇
네요.

동엽

그건 전혀 다른 얘기예요. 그러니까 예를 들면 그런 거예
요. 예전에 어떤 분을 인터뷰했는데, 뭐 연년생으로, 거
의 연년생으로 8남매인가 키우고 있다고 했어요. 그래서
"야… 얼마나 금슬이 좋으면 8남매 키우면서 계속 행복
한 가정을 꾸릴 수 있을까요?"라고 물었더니 엄마가 뭐
라고 했는지 아세요. 딱 8번 했다고 지금까지.

지연

하, 너무 슬프네요.

동엽

농반진반이죠. 임신하고 나서 임신 중에는 거의 관계를

갖지 않고 그러다가 출산하고, 그러다가 또 바로 임신하고…. 정말 그래서 8남매를 키우고 있지만, 다른 엄마들보다 훨씬 더 부족하다고.

지연

부족하겠네요.

동엽

불행하다고 막 웃으면서 얘기했던 기억이 나요. 그러니까 결혼했다고 해도 그거는 별개의 문제입니다.

지연

그럼요. 그럼요. 전혀 달라요.

동엽

남자들은 본능적으로 거세에 대한 공포가 있어요. 그냥 혹시나 이게 만약에 싹둑 잘리면 어쩌나 하는 공포. 그래서 아주 어렸을 때 아저씨나 할머니들이 "너, 말 안 들으면 고추 떼간다" 그러면 그 어린애들도 뭔지 모르면서 엄청 겁먹잖아요. 그렇게 수컷들에게는 거세에 대한 공포가 있대요. 본능적으로 그런 공포가 있듯, 성인이 되면 '내가 사랑하는 사람을 만족시키지 못하면 어떡하지?' 하는 공포가 기본적으로 장착되어 있는 거 같아요. 뭐 그거를 극복하거나 아예 못 느끼는 사람도 있는데, 유난히 세게 다가오는 사람들도 분명히 있거든요. 이 말이 사실이면 진짜 좀 부담될 수도 있을 텐데, 이럴 때는 여자분이 솔직하게 전혀 그런 걱정하지 말라고, 그리고 자기랑이렇게 사랑을 나누지 않아도 옆에 있어주는 것만으로도 나는 좋다고. 이렇게 자신감을 불어 넣어주면 좀 달라질 수 있어요. 남자에겐 진짜 사랑하는 사람이 옆에서 격려해주고 응원해주는 것만큼 명약이 없습니다.

지연

많은 사연을 받다 보니 드는 생각인데, 발기 문제를 겪는 남자들이 꽤 있는 거 같아요. 근데 이런 문제가 있는 분들이 그 문제에 대해 자기 탓을 안 하는 거 같아요. 내 문제라고는 생각하지 않거나 그냥 지금은 컨디션이 좋지 않을 뿐이지 자신은 아무 문제가 없다고 생각하는 거죠.

동엽

아, 그래. 맞아요, 맞아.

지연

그러다 보니까 문제의 원인을 상대방한테 전가하는 것 같아요. 여자가 자기 탓을 하거나 혹은 뭔가 내가 잘해야되나 생각하게끔.

동엽

이게 이상하게 남자들은 본인의 생식기와 관련해서는
뭔가 이상한 자존심 같은 걸 부릴 때가 많아요.

지연

그런 거 같아요. 그게 굉장히 중요한가 봐요. 이상하게
남자들은 목욕탕에 가서도 하드웨어에 과도하게 집착하
고 몰입하잖아요. 여자들은 가슴을 그렇게까지 중요하
게 생각하진 않아요.

동엽

남자들은 분명히 자신의 성기에 대해 과도하게 생각하
는 경향이 있어요. 그리고 어떤 문제 상황에서도 나에게
는 원인이 없다고 생각하는 경향이 있는 것도 맞아요. 병
원에 가서 자신의 문제점을 상담 받는 거 자체를 치욕스
럽게 생각하고요. 근데 그럴 필요 없어요. 아무것도 아
니에요. 남친분이 들으셨으면 좋겠네요. "자기가 나보다
경험이 많으니까 나도 모르게 부담이 되나 봐! 만족시키
지 못할 것 같아서 걱정도 되고…." 이 말에서 "자기가
나보다 경험이 많으니까"라는 말은 아주 필요없는…,
아주 쓸데없는 말이에요. 만약에 그냥 핑계를 대고 싶다
면 "혹시 자기를 만족시키지 못할 것 같아서 걱정도 되
고, 괜히 그런 생각을 하다 보니까 좀 부담이 되나 봐"

이러면 돼요. 거기에 굳이 "나보다 경험이 많으니까…"
이런 말을 붙이는 건 비겁한 얘기고, 할 필요가 전혀 없
는 얘기입니다.

열일곱 살, 고등학교 1학년 남학생입니다. 중 3 때 입시에 대한 부담이 커지면서 우연히 '자위행위'라는 걸 알게 됐습니다. 그 뒤로 힘들거나 허전할 때, 딱히 할 일이 없어 심심할 때도 혼자 하곤 했어요. 지난 주말, 방에서 혼자 하고 있는데 엄마가 제 방에 들어오셨습니다. 많이 놀라셨는지 못 본 척, 급하게 방문을 닫고 나가셨어요.

너무 당황해서 어떻게 해야 할지 모르겠어요. 그런 일이 있은 후, 엄마 얼굴을 못 보겠습니다. 엄마도 밥 먹을 때, 저를 아예 안 보시더라고요. 사실 평소에 엄마랑 그렇게 편한 사이는 아니었어요. 엄마가 일하느라 바쁘시기도 하고, 친근하게 대화를 나누던 사이가 아니라… 지금 더 어색합니다. 아버지에게 도움을 청할 수도 없고…. 저 좀 도와주세요.

지연

진짜 고민될 거 같아요.

동엽

저는 놀랐어요. 중3 때 우연히 처음 접했다고 하는데, 사실 평균보다 상당히 늦은 편이거든요. 그리고 우리 어머님들, 일단 아들이 중학생이 된 다음에는 그냥 우리 아들이 어리게만 보이시겠지만, 절대로 방문을 벌컥벌컥 열면 안 됩니다.

지연

그렇죠.

동엽

의사 언니는 나중에 결혼해서 아들이 자위행위 하는 걸 봤다. 그러면 어떨 거 같아요?

지연

최대한 아무렇지도 않은 척해야죠. 내가 어색해하면 아들이 내가 해서는 안 될 짓을 한 건가, 라는 죄책감이나 죄의식 같은 걸 느낄 수도 있고, 정말 민망할 수 있기 때문에….

동엽

아무렇지도 않은 척하면? 만약에 사과를 깎아서 갖고 갔
는데, 봤다. 그러면 그때는 "원, 녀석" 이러면서 그냥 사
과를 놓고 간다는 거예요?

지연

어, 아니요. 그냥 뒷걸음쳐서 나갈…. 아니, 거기 같이
있을 순 없고….

동엽

어… 일단은 끝나고 사과 먹어? 뭐라고 해야 하지?

지연

아들의 시간을 존중하는 의미에서 방해되지 않게 일단
방에서 나가고, 그 후에는 아무 일도 없는 것처럼 대하다
가 뭐 어느 정도 시간이 지나서 아들이 좀 괜찮아졌다 싶
을 때 한 번 정도는 얘기하거나 그러지 않을까 싶어요.

동엽

예전에 구성애 선생님이 TV에 나오셔서 청소년 성교육
강의를 많이 해주셨잖아요. 그때 당시는 정말 파격적이
었고 많은 사람에게 회자되고 센세이션을 불러일으켰지
요. 그때 "부모님들 놀라지 마라", 심지어 "아들 방에 휴

지를 잘 넣어줘라", "쓰레기통도 자주자주 비워줘라" 이런 말씀도 하셨죠. 이렇게 부모님들이 어떻게 행동해야 하는지 많이 말씀해주셨는데, 저는 엄마가 아들에게 "그거 창피한 거 아니고 되게 자연스러운 거야. 그건 어른이 되어가는 과정이야. 그것 때문에 너무 머쓱해하지 마" 이런 이야기를 한마디만 해주시면 참 좋을 거 같아요.

지연

근데 지금 식사할 때 얼굴을 안 본다고, 어머니가 더 서먹해서…. 오히려 아들이 엄마를 어떻게 위로해줘야 하나 고민하는 건 뭔가 입장이 거꾸로 된 거 같아요.

동엽

먼저 얘기해주는 엄마면 좋을 텐데…. 엄마도 사실 어떻게 얘기해야 할지 모르는 경우가 많죠. 아들이 먼저 "엄마 나 많이 컸지?" 이렇게 말한다면 너무 귀엽지 않을까요?

지연

너무 귀엽죠.

동엽

"엄마 놀라셨죠?! 죄송해요. 다음부터는 문 잘 잠글게요.

놀라게 해드려서 죄송해요. 엄마도 자연스럽게 받아들이셨으면 좋겠어요." 이렇게 얘기할 수도 있고. 어쨌든 엄마랑 한 번 정도는 얘기하는 게 괜찮을 거 같아요.

지연

꼭 한번 대화를 나눠보세요.

동엽

나중에 커서 자식을 키워보면 알게 될 텐데 부모는 어떤 것도, 그 어떤 것도 자식 일이라면 다 받아들여요. 정말. 나중에 부모님이 연로해지셔서 거동이 불편해지면 아들이 엄마를, 또 딸이 아빠를 목욕시켜주고 다 해줄 수 있는 것처럼 부모는 자식의 그 어떤 것도 다 받아들일 수 있고, 다 이해해요. 다만 표현하는 방식이 서툴러서 어떻게 해야 할지 모르는 경우가 많을 뿐이에요. 마음속으로 아들한테 실망하거나 놀란 건 아니에요. 내가 어떤 표정을 짓고 어떤 말을 해야 우리 아들이 덜 민망해하고 덜 죄책감을 가질까 엄마는 그것 때문에 계속 고민하고 있으니까 엄마의 고민을 덜어드릴 겸 아들이 먼저 자연스럽게 얘기를 해보세요. 그러면 또 그것을 계기로 엄마랑 더 가까워질 수 있을 거예요. 엄마는 모든 걸 다 이해한 답니다.

저에겐 고2 때부터 사귄 여자 친구가 있어요. 고1 때부터 좋아했는데…, 망설이다 고백해서 사귀게 됐습니다. 저흰 아직 미성년자이기 때문에 진도는 키스까지만 나갔는데, 저는 그 이상 나가고 싶었어요.

그래서 하루는 저희 집에 아무도 없길래, 여친을 불러서 놀다가 그런 분위기를 만들었는데 여친이 바로 얘기하더라고요. "우린 아직 미성년자잖아! 성인이 되면 그때 바로 하자!" 여친의 의견이 중요하니까 알겠다고 했어요. 그럴지만 전 요즘 너무너무너무 하고 싶습니다.

여친한테 한 번 더 얘기해볼까요? 이제 여섯 달만 있으면 성인이 되는데, 20살이나 다름없는 것 아닌가요?

333

동엽
아… 하하하. 여섯 달, 참아 그냥. 무슨 마음인지는 알겠
어요.

지연
그렇죠.

동엽
근데 여친도 얘기했잖아요. 성인이 되면 바로 하자고. 이
런 이야기를 할 정도면 아주 훌륭한, 아주 괜찮은 여친을
만났네요.

지연
네. 무책임한 행동을 하고 싶지 않은 거죠, 여친은. 남친
을 좋아하지 않거나, 그런 관계를 하고 싶지 않은 게 아
니라 성인이 돼서 자신의 행동에 책임질 수 있을 때 하고
싶다는, 그런 생각이 있는 거 같아요.

동엽
근데 우리 고3 남학생이 그런 마음이 드는 건 충분히 이
해돼요. 당연한 거니까요. 자연스러운 거니까요. 하지만
지금 여친도 아직 미성년자고 우리 남학생도 미성년자
인데 그렇게 관계를 하게 되면 굉장히 복잡해져요. 왜냐

면 여친은 임신에 대해 생각할 수밖에 없거든요. 첫 경험
이니만큼 굉장히 여러 가지 생각해야 할 게 많아요. 그냥
단순히 둘 다 그런 마음이 든다고 해서 무턱대고 지금 그
러면 절대 안 됩니다.

지연

네, 좀 참는 게 나을 깃 같아요.

동엽

이게 꼰대 같은 얘기인지는 몰라도 그거는 맞아요. 여섯
달밖에 안 남았지만, 성인이 된 다음에 충분히 이런 거
저런 거 좀 더 찾아보고, 여친의 의견도 물어보고, 남친
으로서 내가 또 배려해야 할 것들은 어떤 게 있나 찬찬히
살펴본 후에, 성인이 되어서 뭔가 책임질 수 있게 된 뒤
에 하는 게 좋을 거 같아요.

지연

지금 욕구가 많이 앞서 있는데, 욕구만큼이나 이성적인
판단도 굉장히 중요하니 충분히 생각한 후에 결정 내리
셨으면 좋겠어요.

동엽

요즘 뉴스에 가끔 나오는데, 예를 늘어서 운전할 수 있다

고 쳐요. 가끔 아빠 차를 몰래몰래 운전했는데, 근데 뭐
여섯 달만 있으면 운전면허를 딸 수도 있어요. 이런 상태
에서 운전을 해도 무사히 잘 할 수 있을 테지만, 그건 범
법 행위거든요. 운전을 그냥 할 줄 아는 거랑 면허증을
소지하고 기본적으로 필기 실기 그런 것들을 거친 후에
하는 거는 조금 달라요. 분명히 다릅니다. 무슨 마음인지
충분히 이해하지만, 현명한 여친의 얘기를 들어줬으면
좋겠네요.

공자가 이런 말을 했어요. "멈추지만 않는다면 천천히
가도 상관없다."

지연

그럼 저는 이렇게 바꿀게요. "사랑을 멈추지만 않는다면
천천히 가도 상관없다."

남자 친구랑 만난 지 1년 정도 됐어요. 그동안 남친을 만날 때마다, 혹은 같이 놀러 갈 때마다 집에는 친구 핑계를 댔어요. 엄마도 늘 그냥 허락해주셨는데, 다음 달이 남친이랑 1주년이라 펜션을 잡아서 놀다 오려고 했거든요. 그래서 이번엔 2박 3일로 친구들과 여행을 간다고 했더니 엄마가 그러시더라고요. "딸! 엄마 다 알아. 거짓말 같은 거 하지 마!" 순간 뜨끔했지만, "내가 무슨 거짓말을 해" 하고 넘어갔어요. 그런데 며칠 전부터 제가 부정출혈이 있어서 엄마한테 얘기하고 병원에 다녀왔는데, 엄마가 갑자기! "너 여행 가는 거, 생각 좀 해보자! 이번엔 안 될 것 같아" 이러시는 거예요. 그러고는 별말씀이 없으신데, 너무 불안해요! 그냥 솔직하게 남친이 있고, 성경험도 있다! 말씀드려야 할까요? 엄마한테 말씀을 드리는 게 좋을까요? 아니면 지금처럼 모른 척하는 게 나을까요?

동엽

음… 먼저 부정출혈이 뭐예요?

지연

생리 기간이 아닌데 피가 나는 경우예요. 원인은 여러 가지가 있지만, 20대 초반에는 일시적인 호르몬 불균형이 원인인 경우가 가장 많아요.

동엽

나중에 엄마가 돼보면 다 알 거예요. 사연 보낸 분이 20대 초반이잖아요. 근데 어떤 초등학생이 와서 정말 진지한 얼굴로 말도 안 되는 얘길 해요. 그럼 그게 거짓말이라는 걸 금방 알잖아요. 뻔히 다 보이죠. 그거랑 똑같다고 보면 돼요. 근데 엄마가 다 알고 있다고 해도 솔직하게 남친도 있고, 성경험도 있다고 말씀드려야 할까요?

지연

지금 이 어머니는 "엄마 다 알아"라고 먼저 커밍아웃하셨잖아요. 그러면 솔직하게 말하는 것도 좋을 거 같아요. 이 어머니라면 다 이해해주실 거 같거든요.

동엽

근데 그래도 엄마에게는 세상에서 제일 귀한 딸이니까

엄마한테 말씀드릴 때, "엄마 나 지금 남친 있어요. 엄마는 다 알고 있었지? 엄마 진짜 대단하다. 어떻게 알고 있었어? 어떤 행동 때문에? 언제 눈치챘어?" 이렇게 재미있게 수다를 떠는 거예요.

지연

친구하고 얘기하듯….

동엽

"진짜? 내가 그렇게 티를 냈나? 와, 엄마. 나는 완벽하게 속인다고 했는데, 엄마는 그걸 다 알고 있었구나. 엄마, 진짜 대단하다." 이렇게 재미있게 얘기하면 엄마도 어느 정도 인정할 거는 인정하고 자연스럽게 받아들이실 거예요. 무턱대고 진지하게 "나 남친 있어. 나 성경험도 있어" 이렇게 말하면 놀라시겠죠. 굳이 그렇게까지 진지하게 얘기할 필요는 없어요.

지연

그렇죠.

동엽

농담처럼 자연스럽게 얘기하면 엄마는 궁금해서 "우리 딸 이때? 남친이랑 뽀뽀는 해봤어? 또 뭐 해봤어?" 이

러면서 도움이 되는 말씀을 해줄 수도 있어요. 무턱대고
"안 돼. 얘가 미쳤나" 이런 말씀은 안 하실 거예요.

지연

의대 동기 중에 친한 친구 이야기인데, 그 친구는 아예
언니, 엄마한테 이런 게 다 오픈돼 있어요.

동엽

그런 사람도 있더라고요.

지연

엄마하고 언니가 콘돔이나 윤활제를 사주고, 침대밑에
있는지 확인할 정도예요. 엄마가 오히려. 이 친구가 자취
를 했는데, 자취집에 오면 혹시 콘돔이 떨어지지 않았는
지, 피임은 잘하고 있는지 체크하기도 하고, 요즘 남친은
어떠냐고 묻기도 하고….

동엽

너무 바람직한 엄마랑 딸 사이네요.

지연

이 친구도 엄마하고 그런 말 하는 걸 조금도 부끄러워하
지 않고, 엄마에게 남친 상담도 많이 하더라고요.

동엽

진짜 최고의 든든한 내 편이죠, 엄마는.

지연

그 어떤 친구하고 상담하는 것보다 좋죠. 경험도 많죠.
누구보다 날 생각하죠.

동엽

그럼요.

지연

그래서 그런지 시집도 잘 가더라고요, 결국. 아까 엽자님
말씀하신 것처럼 친구처럼 말하면 엄마가 너무나 좋은
조력자가 되어줄 거 같아요. 이번에 여행 가는 것도 엄마
하고 충분히 잘 상의하고 결정하는 게 좋을 거 같아요.

동엽

그렇게 솔직하게 얘기하다 보면 좀 안전하게, 그리고 좀
건전하게 남친이랑 만날 수 있도록 엄마가 조언해주실
수 있으니까 편하게 엄마에게 말씀해보세요.

네 살 연상인 남자 친구와 연애 7년차인 30대 여자입니다. 남친과 5년째 동업하고 있어요. 사귄 지 2년쯤 됐을 때, 작은 회사를 같이 시작했거든요. 동업과 관련해서 주변에서 많은 걱정과 우려가 있었지만, 다행히 아직까지는 큰 문제 없이 서로 믿고 의지하며 꾸려가고 있어요. 근데 그래서인지 이제 남친과는 연인이라기보다 형제가 된 느낌이랄까요.

관계도 연애 초반에는 주 1회가 기본으로, 매우 뜨거웠고 속궁합도 잘 맞는다고 생각했는데… 지금은 몇 개월에 한 번, 할 때도 저는 아직 준비가 안 됐는데 그냥 하더라고요. 준비가 안 된 상태에서 하다 보니, 관계 후에는 아프기까지 해요. 그러다 보니 저는 저대로 재미가 없어서 점점 안 하게 됐어요.

일에서는 제가 주도하는 편이라 관계에 있어서는 남친이

좀 리드해줬으면 좋겠는데… 남친은 관계할 때 원하는 게

뭔지 말도 안 해요. 피곤한 일상에 활력이 될 즐거운 성관계

를 위한 묘수가 없을까요?

동엽

음… 묘수…. 하하하. 묘수라는 게 실제로 존재할까요?
글쎄요. 바둑에서 굉장히 불리하게 점점 몰리고 있는데 어
떤 수 하나를 딱 두면 상황이 급반전되는 것 같은 그런 걸
묘수라고 얘기하는데, 같은 여자로서 묘수 없을까요?

지연

저라면 조금 다른 방법을 시도해볼 거 같긴 해요. 우리가
늘 말하는 제품이나 코스튬 같은 거요. 남친을 더 흥분시
키고 그 사람의 욕구를 끌어낼 만한 뭔가를 시도해볼 거
같아요. 내가 뭔가를 하면 상대방도 나를 위해 뭔가 해주
기를 바라게 되잖아요. 그 부분에 대해서는 결국 대화가
필요한 거 같아요.

동엽

일할 때는 여친이 리드하는 편이라고 했잖아요. 이 말이
좀 걸리네요.

지연

그게 중요한 포인트인 거 같아요. 남친이 좀 의기소침해
져 있을 거 같다는 생각이 들어요.

왜냐하면 여친이지만 일적인 관계에선 상하 관계로 느껴질 수 있거든요. 개인적인 시간을 가질 때 역할놀이를 해보는 건 어떨까요? 남친은 사장님, 나는 부하 직원 이렇게….

좋은 아이디어 같아요. 그리고 일적인 게 아니거나 혹은 일을 할 때도 조금은 부족한 모습이나 남친한테 의지하는 모습을 보여주면 남친이 자신감이 들면서 '아, 이 여잔 내가 품어주고 내가 이끌어야지' 이런 마음이 좀 생길 수도 있지 않을까요?

그렇죠. 그냥 평소에 회사 생활을 한다면 그럴 필요가 없지만, 이분은 남친이랑 같이 일을 하니까 남친이 조금 위축되어 있고 의기소침해진 것 같아요. 방법론적으로 그렇게 해보면 어떨까 싶네요. 의사 언니도 그렇고 저도 그렇고 남친이 위축되었다는 느낌을 받았거든요.

그게 성관계에도 반영된 거 같아요.

동엽

그러니까 그런 점을 신경 써서 남친을 위해 재미있게 역할놀이를 해도 되고요. 일할 때도 남친을 조금씩 배려해주면 뭔가 미세하게나마 긍정적으로 바뀌지 않을까 싶습니다. 아, 그래도 참 좋네요. 같이 일도 하고 돈도 벌고 만나고….

지연

좋은 관계가 되려고 노력하고 있잖아요. 마음이 너무 예쁜 거 같아요.

몇 달 전, 이상한 색의 냉이 자꾸 나오길래 산부인과에 가서 검사를 받았어요. 검사에서 유레아 플라즈마 파붐, 가드넬라가 나왔어요. 그래서 치료를 했는데, 증상이 거의 없는 질염이 계속 재발해요. 요즘 일이 많아서 잠도 제대로 못 자고, 엉망이 된 생활 패턴 때문에 그런 건가 싶어요. 아니면 남자 친구도 같이 치료를 받아야 하는 건가요? 계속 재발하는 게 남친과 관계를 계속해서 그런 건지…. 콘돔은 매번 확실하게 끼거든요. 그리고 남친이랑 구강성교를 했는데, 혹시 남친 입에 바이러스가 남아 있을 수도 있나요? 의사 언니, 알려주세요.

동엽

산부인과 전문의 의사 언니가 계시니 다행이네요. 이런 건 사실 어디 가서 얘기하기도 좀 그렇고, 제대로 아는 사람도 없고, 병원에 가야만, 그리고 전문의한테 물어봐야만 알 수 있는 거거든요. 지금 합리적인 의심을 많이 하고 있는데, 뭐 어떤 이유 때문에 이런 건지 의사 언니 말씀해주세요.

지연

일단 첫 번째, 이분은 균이 두 가지가 나왔잖아요. 유레아 플라즈마 파붐하고 가드넬라는 성병이 아니에요. 이거는 세균성 질증이라고 해서 원래 질에 살고 있는 공생균인데, 정상균보다 가드넬라가 더 많이 자라서 전세역전이 되어버린 거죠.

동엽

아….

지연

가드넬라가 너무 많아지면 원래 상태로 안 돌아가요. 그럼 냄새가 나고 노란색 냉이 나오는 등 불편한 증상이 나타나요. 이 경우, 무조건 항생제 치료를 받으셔야 해요. 그러면 금방 회복돼요. 그리고 증상 없는 질염이라고 하셨는데, 증상 없는 질염은 없어요. 아마도 이분은 그냥 냉이 좀 많이 나오는 걸 이렇게 표현하시지 않았을까 하는 생각이 드네요.

동엽

예⋯.

지연

냉만 많이 나와도 질염인 줄 아는 분이 많으세요. 그런데 원래 배란기나 컨디션이 좋지 않으면 냉은 그냥 많이 나올 수 있어요. 굳이 비교하자면, 남들보다 땀이 많이 나는 사람이 있잖아요. 그런 것처럼 냉이 많이 나오는 사람이 있어요.

동엽

그렇게 말씀하시니 쉽게 이해되네요.

지연

어떤 분은 속옷이 젖을 만큼 나오기도 해요. 이건 염증이 아니라 정상이에요. 그냥 분비물이 나오는 거예요. 제 생각에는 그거일 거 같고요. 그리고 스트레스의 영향을 받았을 수도 있어요. 호르몬 변화가 생길 수 있으니까요. 냉이 늘어날 수도 있는데, 그건 염증이 아니에요. 걱정하

지 않으셔도 돼요. 말씀하신 균도 성병이 아니어서 남친
이랑 같이 치료 받으실 필요는 없고요. 구강성교는 어…
구강성교로도 성병이 옮을 수 있어요.

동엽

아….

지연

성병이 옮을 수 있지만, 이분의 경우는 성병이 아니니 상
관없고요.

동엽

남친 입에 바이러스가 남아 있을까 봐 겁냈잖아요. 그럴
필요 없다는 거죠?

지연

그렇죠. 검사에서 성병이 안 나왔으니까요. 이 두 가지
균은 입으로 옮고 그런 박테리아들이 아니에요. 그래서
뭐 걱정 안 하셔도 될 거 같아요.

동엽

잘 모르는 상태에서 계속 걱정만 하다 보면 없던 병도 생
긴다잖아요. 이제라도 알게 되셔서 정말 다행입니다.

지연

조금 안타까운 게 이분은 병원에 가셨잖아요. 병원에 갔을 때 환자분들이 산부인과 선생님한테 이렇게 궁금한 거를 많이 물어봤으면 좋겠어요. 대부분의 환자들이 좀처럼 물어보지 못하거든요. 물론 물어보는 분도 있지만, 보다 많은 분들이 궁금한 것을 물어보고 선생님들도 상세하게 잘 얘기해줬으면 좋겠어요. 대부분 이런 문제를 걱정하세요. 이게 성병인지, 질염인지, 이 약을 먹으면 완치되는지, 재발하진 않는지. 사실 답이 굉장히 명쾌한 문제들인데 물어보지 않거든요. 그러니까 충분히 설명할 수 있는데도 설명 못 해주는 경우가 많아요. 그래서 그런 게 좀 바뀌었으면 좋겠다는 생각을 계속 하게 돼요.

동엽

지난번에 의사 언니가 여성의 생식기는 구조적으로 질염에 많이 노출될 수밖에 없다고 말씀하셨잖아요. 그리 큰 문제는 아니니까 문제가 있으면 병원에 가서 치료를 받고 궁금한 것도 꼭 물어보세요. 이런 질문을 하면 대부분의 선생님이 잘 가르쳐주시죠?

지연

잘 설명해주시죠. 물어보는데 대충 얘기하거나 대답을
안 해주면 그런 병원은 가지 마세요.

동엽

자, 너무 걱정할 필요 없습니다. 안심하세요.

여러분의 더 많은 사연을 기다릴게요!